காலப்பயணமும் கருந்துளைகளும்

நடராஜன் ஸ்ரீதர் | நாகேஸ்வரன் ராஜேந்திரன்

பொருளடக்கம்

அணிந்துரை

விண்வெளி...

பண்டையகாலம் தொட்டு இன்றைய காலம் வரை மனிதரை வியக்கவைத்த, வைத்துக் கொண்டிருக்கின்ற ஒன்று விண்வெளி. காட்டுவாசிகளாய் மனிதர்கள் அலைந்த போது முதன்முதலில் பெண்கள் தாம் விண்ணில் ஆர்வம் செலுத்தினர். காரணம், தம் மாதவிடாய் காலத்தைக் கணக்கிட முறை ஒன்று தேவைப்பட்டது அவர்களுக்கு. பிறகு வேளாண்மை செய்தோர் வானிலை அறிந்து பயிரிடத் தொடங்கிய காலத்தில் விண்ணிலும் ஆர்வம் செலுத்தினர்.

மண்ணைக் கடந்து கடலை வெல்ல எத்தனித்த போது மனிதர்கள் விண்ணை உள்வாங்க வேண்டிய கட்டாயத்தில் இருந்தனர். இடையே எல்லையற்று விரிந்திருக்கும் விண்ணை, கண்ணால் கூடக் கண்டிராத கடவுளரோடும் தொடர்புபடுத்தி நிறுவனப்படுத்தப்பட்டது. இருண்ட வானின் அகன்ற வெளியின் ஆழத்தை கண்டறிந்து அறிவொளி ஏற்ற வந்த கெப்ளர்களும் கலீலியோக்களும் சொல்லெனா இன்னலுக்குள் ஆளாயினர்.

இந்நிலையில் மாக்களாய் இருந்த மக்களை மாற்ற அறிவொளி இயக்கங்கள் ஆங்காங்கே பற்றிக் கொண்டது. எப்பாடு பாட்டாயினும் மக்களை மாற்றினாலும், வற்றாத சுனை நீராய் அறியாமை எனும் இருள் போலி அறிவியல் வேடம் பூண்டு பவனி தான் வருகிறது. இதற்கு எதிராக, அறிவொளி ஏற்றத் துடிக்கும் பல்லாயிரக்கணக்கானோர் வரிசையில், முனைவர் நடராஜன் மற்றும் முனைவர் நாகேஸ்வரனின் இந்த சீரிய முயற்சி தமிழ் உலகிற்குக் கிட்டிய ஒரு நல்வாய்ப்பு.

கருந்துளை...

பெயருக்கேற்றார் போல் இப்பேரண்டத்தில் (ஹாக்கின் கதிர்வீச்சாய்) "ஒளிர்ந்து" கொண்டே ஒளிந்து கொண்டு பற்பல மறை செய்திகளை தன்னகத்தே அடக்கி வைத்திருக்கும் மாபெரும் புதிர்.

முனைவர்கள், நடராஜன் மற்றும் நாகேஸ்வரன் அவர்கள் கருந்துளைகள் பற்றிய கருத்துகளை எடுத்துரைக்கும் விதம் முதலில் மெதுவாகத் தான் நகர்கிறது. ‘ஆமை வேகத்தில் நகர்கிறதே’ என்று எண்ணிக் கொண்டே அதனூடே நாமும் நகரும் போது தான் உணர்கிறோம், நம் அறிவின் ஆழமும் கூடியுள்ளது என்பதை. பரியின்

வேகத்தில் பறந்திருந்தால் பாதிகூட புரிந்திருக்காது. ஏனெனில் சற்றே சவாலான துறை இது.

உங்களுள் ஒரு எண்ணம் ஓட்டம் நிகழலாம்... 'பேரண்டத்தில் எங்கெங்கோ இருட்டோடு இருட்டாய் புதைந்து கொண்டிருக்கும் இவற்றைப் பற்றி எமக்கேன் கவலை?' என்று. இன்றோடு அந்த எண்ணத்தைப் புறந்தள்ளுங்கள் அல்லது புதைத்துவிடுங்கள்.

நாம் தகவல் உலகில் வாழ்கிறோம். 'ஆமாம்...தகவல் என்றால் என்ன?' என்று என்றாவது கேள்வி கேட்டிருக்கோமா? கணினித் தகவல் துறையினர் கேட்டிருக்கலாம். ஆனால் பொது மக்கள்?

'என்னடா இது? தகவல் என்றால் என்ன என்று எமக்குத் தெரியாதா?' என்று எளிதாக எடுத்துக் கொள்ளவேண்டாம். அது இயற்பியலின் எல்லையை கருந்துளையின் வாயிலாக வரையறுத்துக் கொண்டிருக்கிறது என்பதை ஆசிரியர்கள் நூலின் பிற்பகுதியில் இயம்பியுள்ளார்கள்.

என்னது எங்கோ இருக்கும் கருந்துளை நமக்கு தகவல் பாடம் நடத்துகிறதா? ஆம்... அதனைத் தான் நூல் ஆசிரியர் Blackhole Paradox என்று அழகான உவமைகளுடன் எளிதாக விளக்கியுள்ளார். எங்கோ தன்னை மறைத்துக் கொண்டிருக்கும் கருந்துளை பல இயற்பியல் புதிர்களை அவிழ்த்து எவ்வாறு விளக்கேற்றி வெளிச்சமாக்கிக் கொண்டிருக்கிறது என்பதனை ஆசிரியர்கள் தன் அழகிய தமிழில் எடுத்துரைக்கிறார்கள்.

இவர்களின் இந்த கடினமான முயற்சிக்கு எமது மனமார்ந்த வாழ்த்துகள்...

அகலட்டும் அறியாமை இருள்...
பற்றட்டும் அறிவியல் தீ...
பரவட்டும் அறிவுச் சுடர்...

ஹிலால் ஆலம்
க்யூபிடர் ஆய்வகம்
சிங்கப்பூர்
17/08/2022

முன்னுரை

காலப்பயணம் மக்களுக்கு எப்போதும் ஆச்சர்யம் தரத்தக்க விஷயமாகவே இருக்கிறது. அத்தகைய காலப் பயணம் பற்றிப் புரிந்து கொள்ள கருந்துளைகளைப் பற்றிப் புரிந்து கொள்வதும் அவசியமாகிறது. எனவே கருந்துளைகளைப் பற்றிப் புரிந்து கொள்ளும் விதமான விளக்கங்கள் இப்புத்தகத்தில் எழுதப்பட்டுள்ளது.

எமது முந்தைய வெளியீடான வியக்கவைக்கும் விண்வெளி கருந்துளைகள் புத்தகத்தில் இருந்து சற்று மாறுபட்டு இப்புத்தகம் எழுதப்பட்டுள்ளது. இப்புத்தகம் இயற்பியலாளர் நாகேஸ்வரன் ராஜேந்திரன் மற்றும் நான் இணைந்து கூட்டு முயற்சியாக எழுதியுள்ளோம். இப்புத்தகம் PhyFron குழுவினரின் வெளியீடாகப் பதிப்பிக்கப் படுகிறது. PhyFron குழுவினர் அறிவியல் கருத்துக்களை தமிழில் விளக்கி வருகின்றனர்.

மனிதன் தோன்றிய பன்னெடுங் காலம் தொட்டே அவனுக்குப் பல்வேறு கேள்விகள் இருந்து வந்துள்ளன. நம்மை சுற்றி என்ன நிகழ்கிறது? இந்த பிரபஞ்சத்தில் என்ன நிகழ்கிறது? இந்த பிரபஞ்சம் எவ்வாறு தோன்றியது? வளர்ந்தது? இயங்குகிறது? என்பது போன்ற பல்வேறு கேள்விகள் மனிதனை சுற்றி இருந்து வந்தன. இன்றும் அவற்றைப் பற்றி அறிவியலாளர்கள் ஆராய்ந்து கொண்டிருக்கின்றனர். பிரபஞ்சத்தின் இயக்கத்தைப் பற்றிப் புரிந்து கொள்ள பல்வேறு கணித முறைகளை வடிவமைத்த போது நமக்குக் கிடைத்த மாபெரும் புதையல் சார்பியல் தத்துவம் ஆகும். இந்த சார்பியல் தத்துவத்தின்படி புரிந்துகொள்ளும் போது ஒட்டுமொத்த பிரபஞ்சமே இயற்பியல் விதிகளின் படி இயங்குவதைப் புரிந்து கொள்ள முடிகிறது. சார்பியல் தத்துவத்தைக் கொண்டு, அதுவரையில் ஈர்ப்பு விசையைப் பற்றி மனிதன் வைத்திருந்த புரிதலை மாற்றிவிட முடிந்தது. சார்பியல் தத்துவம் ஈர்ப்பு விசையைக் காலவெளியின் வளைவுகளின் விளைவாக அணுகுகிறது. இவற்றை ஆய்வு செய்ய மிகச்சிறந்த இடம் கருந்துளைகள் ஆகும். இந்த கருந்துளைகள் மிகவும் அதிசயமாக ஆய்வாளர்களுக்கு தெரிகிறது. தனக்குள் பல்வேறு மர்மங்களை ஒளித்து வைத்துள்ளது. கருந்துளைகளின் இரகசியங்களைப் புரிந்து கொள்ளும்போது நம்மால் இயற்பியல் நுணுக்கங்களைப் புரிந்து கொள்ள முடியும். எனவே கருந்துளைகளைப் பற்றிய ஒரு தகவல் தொகுப்-

பினை இந்த புத்தகத்தின் வாயிலாகக் காணலாம். இந்த நூலில் கருந்துளைகள் பற்றிய அடிப்படைக் கருத்துக்களை ஆய்வு செய்துள்ளோம்.கருந்துளைகளில் என்ன நிகழ்கிறது? கருந்துளை எவ்வாறான கட்டமைப்பைக் கொண்டுள்ளது? குவாண்டம் இயற்பியல் ரீதியாக கருந்துளைக்குள் என்ன நிகழ்கிறது? கருந்துளைக்குள் ஒருவர் உள்ளே விழுந்தால் என்ன நிகழும்? என்பது போன்ற விஷயங்களை எளிய நடையில் அனைவருக்கும் புரியும் வண்ணம் ஆராய விழைகிறது இந்த நூல்.. மேலும் கருந்துளைகளின் வாயிலாக காலப்பயணம் என்பது சாத்தியமா என்பது குறித்தும் விளக்கியுள்ளோம். கூடுதலாகக் கருந்துளையின் தகவல் முரண் என்ற தத்துவத்தைப் பெரிதும் எழுதியுள்ளோம். இந்த புத்தகம் கருந்துளை பற்றி தமிழில் ஆய்வு செய்ய விரும்புவோருக்கு ஒரு தொடக்கப் படியாக அமையும் என்பதில் எந்த ஐயமும் இல்லை.

இப்புத்தகம் வெளிவர உதவிய PhyFron குழுவினருக்கு எமது நன்றிகளைத் தெரிவித்துக்கொள்கிறோம். இந்த நூல் வெளிவருவதற்கு பல்வேறு கருத்துகளை அளித்த ஹிலால் ஆலம், நாகேஸ்வரன், பார்த்திபன், தென்னமலை, பேராசிரியர் பிரேம், ராகவ், விவேக், ராமன், முகுந்தன், அருண், ஹேமப்ரியா, பரத், ஜாபர், சூர்யா, ஆனந்தி, சித்தார்த், வைரம், அயலான் மற்றும் ஏனைய பைப்ரோன் குழு உறுப்பினர்களுக்கும் எமது நன்றிகளைத் தெரிவித்துக் கொள்கிறோம்.

முனைவர் நடராஜன் ஸ்ரீதர்
ஆற்றல் அறிவியல் துறை
அழகப்பா பல்கலைக்கழகம்
காரைக்குடி
&க்யூபிட்டர் ஆய்வகம்
natarajangravity@gmail.com
முனைவர் நாகேஸ்வரன் ராஜேந்திரன்
இங்கிலாந்து
&க்யூபிட்டர் ஆய்வகம்
eswar.quanta@gmail.com

1

காலப்பயணத்தின் அடிப்படைகள்

இன்றைய உலகின் அறிவியல் வளர்ந்து விட்ட சூழலில் பல்வேறு விஷயங்கள் குறித்து மனிதகுலம் சிந்திக்கிறது. அறிவியலின் துணைகொண்டு நிலவுக்குச் சென்று மனித இனம் ஆய்வு செய்து திரும்பியுள்ளது. செவ்வாய்க்கும், சுக்கி-ரனுக்கும் ரோவர்களை அனுப்பியுள்ளது. நெருங்க இயலாத சூரியனையும், பிரம்-மாண்ட வியாழனையும், வியத்தகு சனிக்கிரகத்தினையும் நமது விண்கலங்கள் எட்-டியுள்ளன. ஒரு காலத்தில் கிரகம் என அறியப்பட்ட புளூட்டோவையும் மனித குலத்தின் விண்கலங்கள் அணுகியுள்ளன. விண்வெளியில் அமைக்கப்பட்டுள்ள தொலைநோக்கிகள் வாயிலாகப் பல்வேறு அறிவியல் ரகசியங்கள் காணக்கிடைக்-கின்றன. கூடிய விரைவில் மனித இனம் செவ்வாய் கிரகத்தில் கால் பதிக்க இருக்கிறது. இப்போது மனித இனத்திற்கு இருக்கும் மிகப்பெரிய கேள்வி என்ன-வெனில் காலப் பயணம் செய்வது சாத்தியமா? இக்கேள்வியின் பதிலை இப்புத்த-கத்தில் விரிவாகக் காண இருக்கிறோம்

பல்வேறு அறிவியல் புனைவுப் புதினங்களிலும் , திரைப்படங்களிலும் வேற்று உலகங்களுக்கு பயணிப்பதையும், காலத்தில் பயணம் செய்வதையும் அடிப்படை-யாகக் கொண்டு பல்வேறு காட்சியமைப்புகளும் , கதை ஓட்டங்களும் இருப்-பதை காணமுடியும் . பல்வேறு ஒளி ஆண்டுகள் தொலைவில் உள்ள வேறு ஒரு கிரகத்திற்கோ அல்லது வேறு ஒரு பிரபஞ்சத்திற்கோ மனிதன் பயணம் செய்வது போன்ற நிகழ்வுகளை நாம் புனைவுக் கதைகளில் படித்திருக்கலாம். இவையெல்-லாம் சாத்தியமா? ஏதாவது ஒரு விண்கலத்தில் ஏறி இது போன்ற வேற்று உலகத்-திற்கு அல்லது நம்மை விட வெகு தொலைவில் உள்ள வேறு ஒரு கிரகத்திற்கு பயணிப்பது சாத்தியமா? இவை போன்ற கேள்விகளுக்கு பதிலை இந்தக் அத்தி-

யாயத்தில் ஆய்வு செய்யலாம்.

காலப்பயணம்- இந்த ஒரு விஷயத்தைப் பெரும்பாலான அறிவியல் புனைக்கதைகள் தாண்டிச் செல்லாமல் கதைகளைக் கட்டமைக்க முடியாது. மிகவும் ஆச்சரியமான முடிவுகளை தரத்தக்க மற்றும் பலரால் எதிர்பார்க்கக்கூடிய விஷயங்களில் ஒன்றாக எப்போதும் இருப்பது காலப்பயணம் ஆகும். காலப்பயணம் என்பது காலத்தில் முன்னோக்கி அல்லது பின்னோக்கிச் சென்று நடந்ததை அல்லது நடக்க இருப்பதைப் பார்ப்பதே ஆகும். இந்த காலப்பயணம் கருந்துளைகள் வாயிலாக சாத்தியமே என்று சொல்கிறது சில ஆராய்ச்சி முடிவுகள் அவர்கள் காலத்திற்கு ஒரு தூண்டுதலாக இருக்கும் ஆனால் கருந்துளைகளுக்கு உள்ளே என்ன இருக்கும் என்று ஆராய்வது மிகவும் அவசியம். கருந்துளைகளின் அடிப்படைக் கட்டமைப்பைப் புரிந்துகொண்டால் கருந்துளைகளின் நிகழ்வெல்லைக்குப் (event horizon) பின்னால் என்ன இருக்கும் என்பதையும், காலப்பயணத்தையும் நம்மால் தெளிவாகப் புரிந்து கொள்ள முடியும். அவற்றை இந்தப் பகுதியில் காணலாம்.

நமக்கு அருகில் அல்லது நமது சூரிய குடும்பத்திற்குள் உயிர் வாழத் தகுதியாக இருக்கக்கூடிய ஒரே ஒரு கோள் நமது பூமியாகும் . வேறெந்த கிரகத்திலும் இது போன்ற வாழிட அமைப்பு இல்லை. ஆனால் வேற்று கிரகத்தில் உயிர்கள் வாழ்வதற்கு சாத்தியக்கூறுகள் இருக்க முடியும் என ஆய்வுகள் தெரிவிக்கின்றன. நாசாவின் கெப்ளர் ஆய்வு, ஐரோப்பிய விண்வெளி ஆராய்ச்சி மையத்தின் வேற்றுயிர்த்தேடல் ஆய்வு ஆகியன, வேற்று கிரகத்தில் உயிர் வாழத் தகுதியான சூழல்களையும் மற்றும் வேற்று கிரக வாசிகளையும் தேடி வருகின்றன.

எதிர்காலத்தில் வெகு தொலைவில் அல்லது பல லட்சம் ஒளி ஆண்டுகள் தொலைவில் ஒரு கிரகம் உயிர் வாழத் தகுதியுடன் கண்டுபிடிக்கப்பட்டால் எவ்வாறு அங்கு செல்வது ? இந்த ஒரு கேள்வி மனிதனிடம் எப்போதும் இருந்து கொண்டே வருகிறது. மேலும் நம்முடைய இயற்பியல் விதிகளின் படி நாம் வாழும் இப் பிரபஞ்சத்தைப் போலவே பல்வேறு பிரபஞ்சங்கள் இருக்க முடியும் என கருதுகோள்கள் தெரிவிக்கின்றன. அவ்வாறான பிரபஞ்சத்தில் நம்மைப் போலவே உயிரினங்கள் ஏதாவது ஒரு கிரகத்தின் வாழ்வை வாழ்ந்திருக்க முடியும் என கருதுகோள்கள் தெரிவிக்கின்றன. அப்படியாயின் அக்கிரகங்களுக்கு எவ்வாறு பயணம் செய்வது என்பது பற்றி இன்னும் தெளிவாகக் காண்போம்.

இங்கு இருந்து வெகு தொலைவில் உள்ள ஒரு சூரிய குடும்பத்திற்கு பயணம் செய்வது என்பது நாம் செல்லும் வேகத்தை பொருத்தது. நம்முடைய தொழில் நுட்பத்தின் படி பூமியிலிருந்து சூரிய குடும்பத்தை ஒரு விண்கலம் வெளியேறிக் கடக்க கிட்டத்தட்ட 40 ஆண்டுகள் ஆகியுள்ளது. வாயேஜர்-1 விண்கலம் 1977 இல் ஏவப்பட்டு தற்போதுதான் சூரிய குடும்பத்தைக் கடந்து சென்றுள்ளது.

மனிதனின் ஆயுட்காலம் 100 ஆண்டுகள் என இருக்கும்போது சூரிய குடும்பத்தை கடக்கவே 40 ஆண்டுகள் எடுத்துக்கொண்டால் பல்வேறு ஒளியாண்டுகள் தொலைவில் உள்ள சென்றடைவதற்கு எவ்வளவு ஆண்டுகள் தேவைப்படும் என்பதை கணக்கிட்டுக் கொள்ளுங்கள். வாயேஜர் விண்கலம் நொடிக்கு 17 கிலோ மீட்டர் வேகத்தில் பயணம் செய்கிறது. ஒளியின் வேகத்தை ஒப்பிடுகையில் இவ்வேகம் மிக மிகக் குறைவு. ஒளியானது ஒரு நொடிக்கு மூன்று இலட்சம் கிலோ மீட்டர் என்ற வேகத்தில் பயணம் செய்கிறது அப்படியாயின் நம்மால் ஒளியின் வேகத்தில் சென்றால் இதுபோன்ற கிரகங்களை மிக எளிமையும் சென்றடைந்து விடலாம் எனத் தோன்றுகிறது அல்லவா ?.ஆனால் ஒளியின் வேகத்திற்கு எந்த விண்கலமும் பயணிப்பது என்பது சாத்தியமற்றது. 50 ஒளி ஆண்டுகள் தொலைவில் உள்ள ஒரு கிரகத்தை மிக எளிதாகக் கிட்டத்தட்ட ஒன்றிரண்டு ஒளி ஆண்டுகள் அளவிலான பயணத்திலேயே அடையக் குறுக்குப்பாதை ஏதும் இருக்குமா? மேலும் மற்றொரு பிரபஞ்சத்தை அடைவதற்குதற்கு குறுக்குப்பாதை ஏதும் இருக்குமா? இவற்றைப் பற்றி ஆய்வு செய்வோம்.

ஐன்ஸ்டீன் எழுதிய இரு ஆய்வுக் கட்டுரைகளில் இதற்கான விளக்கம் இருந்தது .அக்கட்டுரைகள் முதலில் குவாண்டம் சிக்கலையும்(Entanglement), இரண்டாவதாக க்ளாசிக்கல் இணைப்பையும் (Wormhole) தெரிவித்தது. முதலில் குவாண்டம் சிக்கலைப் பற்றி தெரிந்து கொள்வோம். குவாண்டம் இயற்பியல் என்பது நிலைகளை (states) அடிப்படையாகக் கொண்டது. இருவேறு குவாண்டம் நிலைகள் இருப்பதாகக் கொள்வோம். அவ்விரண்டு நிலைகளும் ஒன்றுக்கொன்று சிக்கல் அமைப்பில் இணைந்துள்ளதாக வைத்துக்கொள்வோம் . இவ்விரண்டு நிலைகளை வெவ்வேறு தொலைவுகளில் பிரித்து வைத்தாலும் அவர்களுக்கிடையே தொடர்பானது குவாண்டம் சிக்கலால் கட்டமைக்கப்பட்டு இருந்திருக்கும். மேலும் இந்நிலைகளை பல ஒளியாண்டுகள் தொலைவிற்கு அப்பால் பிரித்து வைத்தாலும் அவ்விரண்டுக்கும் இடையேயான குவாண்டம் சிக்கல் எப்போதும் தொடர்பை வைத்துக் கொண்டே இருக்கும் . இதன் மூலம் இவ்விரண்டுக்கும் இடையே தொலைத்தொடர்பு என்பது எவ்வளவு தூரம் தள்ளி இருந்தாலும் , தூரத்தை சார்ந்திருக்காமல் அவ்விரண்டு நிலைகளில் குவாண்டம் சிக்கலை பொருத்தே இருக்கும் எனத் தெளிவாகிறது. இதன் மூலம் ஒளியின் வேகத்தை மிஞ்சி விட முடியும் என்ற கருத்தை முன்வைக்க முடியாது . ஏனெனில் இவ்விரண்டு குவாண்டம் நிலைகளுக்கு இடையே தொடர்பு என்பது ஒரு குறுக்குப் பாதையில் நடைபெறுகிறது. இந்நிகழ்வு ஒளியின் வேகத்தை மிஞ்சுவதில்லை. உதாரணமாக ஒரு ஊருக்கு சுற்றுப் பாதை வழியாக செல்வதற்கு 2 மணி நேரம் எடுத்துக்கொள்கிறது எனக் கொள்ளலாம். அதே ஊருக்கு குறுக்குப் பாதை வழியாக ஒன்றரை மணி நேரத்தில் சென்றுவிடலாம் ஒரு வாய்ப்பு உள்ளதை கருத-

லாம். குறுக்குப் பாதை வழியே செல்வது குறுகிய நேரத்தில் பயணநேரம் இருந்தாலும் , வேகமாகச் சென்று விட்டோம் என்பது அர்த்தமில்லை. குறைவான தூரத்தை மட்டுமே கடக்கிறோம் என்பது அர்த்தமாகும். இதேபோல் அது இங்கு குவாண்டம் சிக்கல் நிலையும் குறைவான தூரத்தை மட்டுமே கிடைக்கிறது. இந்த குவாண்டம் சிக்கல் தொலைத் தொடர்பை பயன்படுத்தி முதலில் 144 கிலோமீட்டர் தொலைவிற்கு ஒரு குவாண்டம் நிலையை ஒன்றுக்கொன்று தொடர்பில்லாமல் நகர்த்தி காட்டினார்கள் .பிறகு 1200 கிலோ மீட்டர்கள் தொலைவில் எவ்விதமான தொடர்பும் இல்லாமல் குவாண்டம் நிலைகளை நடத்திக் காட்டினார்கள் .அவ் இரண்டு நிலைகளுக்கு இடையே மிக நுண்ணிய அளவு பாலம் போன்ற அமைப்பு இருக்கும் எனக் கருதப்படுகிறது.

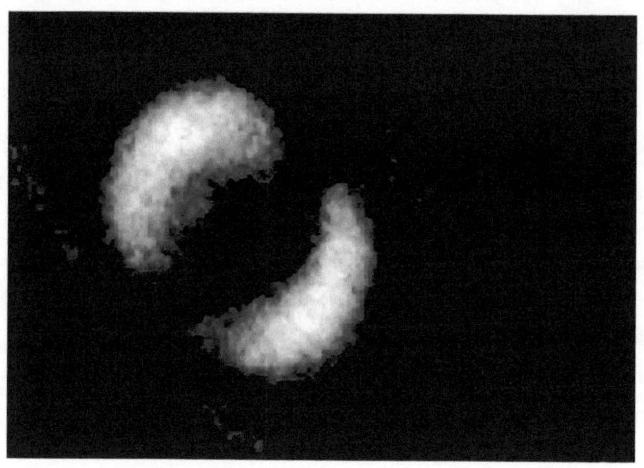

முதல் குவாண்டம் சிக்கல் (quantum entanglement) படம்

இதுவே மிகப் பெரிய அளவில் இரு கருந்துளைகள் இடையையும் இந்நிலைகளை நடத்திக் காட்ட முடியும். அதாவது குவாண்டம் சிக்கல் அமைப்பில் உள்ள இரண்டு கருந்துளைகள் பிரபஞ்சத்தில் மிக தொலைதூரங்களில் குறுக்குப் பாதையால் இணைக்கிறது. அதாவது பல்வேறு ஒளி ஆண்டுகள் தொலைவில் உள்ள இரு இடங்கள் குவாண்டம் சிக்கலால் இணைந்துள்ள கருந்துளைகள் மூலம் இணைக்கப்பட முடியும்.

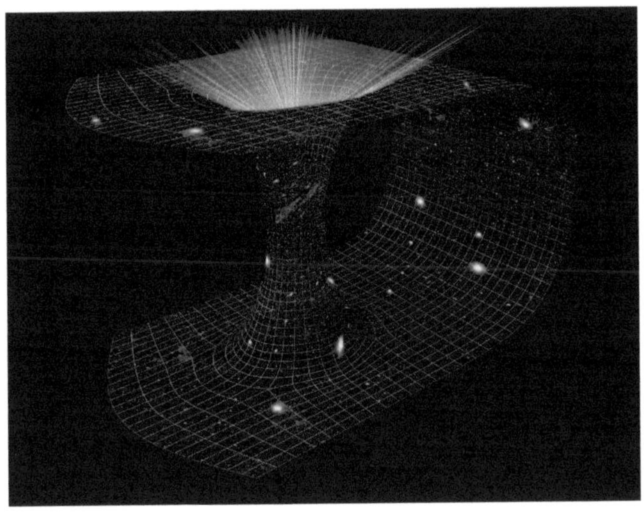

பல ஆண்டுகளாக விஞ்ஞானிகள் சிலர் பரிந்துரைத்தபடி புழுத்துளைகள் மற்ற விண்மீன்களுக்கு அல்லது மற்றொரு பிரபஞ்சத்திற்கான பாதையாக கூட இருக்க-லாம் என அறியப்படுகிறது. அத்தகைய யோசனை சில காலமாக இருந்து வருகி-றது. ஐன்ஸ்டீன் 1935 ஆம் ஆண்டில் காலவெளியில் இரண்டு வெவ்வேறு புள்ளி-களை இணைக்கும் கோட்பாடுகளை விளக்க நாதன் ரோசனுடன் சேர்ந்து ஆய்வு செய்தார். ஆனால் 1980 களில் இயற்பியலாளர் கிப் தோர்ன் பொது சார்பியல் கோட்பாட்டின் அடிப்படையில் வானியற்பியல் பொருள்கள் புழுத்துளைகள் மூலம் இயல்பாகப் பயணிக்க முடியுமா? என்பது பற்றி ஒரு விவாதத்தை எழுப்பினர். ஆனால் இதுவரை புழுத் துளைகள் உறுதியாக இருப்பதாக நிரூபணமாகவில்லை. ஆனால், பிரச்சனை என்னவென்றால், ஒரு கருந்துளைக்குள் நடக்கும் எதை-யும் புகைப்படம் எடுக்க முடியாது. கருந்துளையின் ஈர்ப்பு விசை வலிமையாக இருப்பதால் , ஒளியால் அவற்றின் அபரிமிதமான ஈர்ப்பு விசையிலிருந்து தப்-பிக்க முடியாது. எனவே, ஒரு கேமராவால் கருந்துளை குறித்து எதையும் கணிக்க முடியாது. நிகழ்வெல்லைக்கு அருகில், நிகழ்வுகள் நம்பமுடியாத அளவிற்கு மெது-வாக நிகழும் . மேலும் இரு கருந்துளைகள் இணைக்கும் இந்த புழுத்துளை வேறு பிரபஞ்சத்திற்கும் நமக்கும் குறுக்குப் பாதையாகக் கூட அமையும். எதிர்காலத்-தில் விண்வெளிப் பயணங்கள் இம்முறையைப் பயன்படுத்தி அமையலாம் என கருத்துக்கள் தெரிவிக்கின்றன. இவ்வாறாக கருந்துளைகளுக்கு ஊடாக அல்லாமல் வேறெந்த முறையிலும் தொலைதூர கிரகங்களுக்கும் அல்லது வேறு பிரபஞ்சத்-

திற்கும் பயணம் செய்வது இயலாத காரியம் ஆகும்.

2

காலப் பயணம் சில கோட்பாட்டு வழிமுறைகள்

கருந்துளைகள் பற்றிப் பேச்சு வரும்போது காலப்பயணம் என்ற சித்தாந்தமும் அதனோடு ஒட்டி கொள்கிறது. காலத்தின் வெவ்வேறு புள்ளிகளுக்கு இடையில் நகர்வது பல தசாப்தங்களாக அறிவியல் புனைகதைகளுக்கு பிரபலமான தலைப்பாக உள்ளது. "டாக்டர் ஹூ" "ஸ்டார் ட்ரெக்" , "பேக் டு தி ஃபியூச்சர்" தமிழில் "24", " இன்று, நேற்று, நாளை" போன்ற படங்களில் மனிதர்கள் ஏதோ ஒரு வாகனத்தில் ஏறி கடந்த காலத்திலோ அல்லது எதிர்காலத்திலோ சென்று புதிய சாகசங்களை மேற்கொள்ளத் தயாராக உள்ளனர். அவ்வாறான பயணங்கள் ஒவ்வொன்றும் தனித்துவமான அடிப்படைக் காலப் பயணக் கோட்பாடுகளுடன் வருகின்றன. எவ்வாறாயினும், உண்மையான கோட்பாடு இன்னும் குழப்பமாக உள்ளது. எல்லா விஞ்ஞானிகளும் காலப் பயணம் சாத்தியம் என்று நம்பவில்லை. காலப்பயணம் என்ற முயற்சி அதை மேற்கொள்ளத் தேர்ந்தெடுக்கும் எந்தவொரு மனிதனுக்கும் ஆபத்தானது என்று சில விஞ்ஞானிகள் கூறுகிறார்கள்.

நேரம் என்றால் என்ன?

பெரும்பாலான மக்கள் காலத்தை ஒரு நிலையானதாக நினைக்கும் அதே வேளையில், இயற்பியலாளர் ஆல்பர்ட் ஐன்ஸ்டீன் நேரம் ஒரு மாயை (illusion) என்பதைக் கணித ரீதியில் நிரூபித்துக் காட்டினார். ஐன்ஸ்டீனின் கூற்றுப்படி நேரம்

சார்பியலானது. இது காலவெளியில் இயங்கும் நபரின் வேகத்தைப் பொறுத்து வெவ்வேறு பார்வையாளர்களுக்கு வெவ்வேறு வகையில் மாறுபடும். ஐன்ஸ்டீன் சமன்பாடுகளில் காலம் "நான்காவது பரிமாணம்" என நிறுவப்படுகிறது. வெளி முப்பரிமாணமாக விவரிக்கப்படுகிறது. நாம் காணும் நீளம், அகலம் மற்றும் உயரம் போன்றவை வெளி சார்ந்த பரிமாணங்கள். காலம் மற்றொரு பரிமாணத்தை வழங்குகிறது. திசைகள் நேர்மறை மற்றும் எதிர்மறை எண் மதிப்புகளைக் கொண்டது. ஆனால் காலம் என்பதைத் திசை என வழங்கினாலும், அது முன்னோக்கி மட்டுமே நகர்கிறது.

பெரும்பாலான இயற்பியலாளர்கள் காலம் ஒரு அகநிலை மாயை (internal illusion) என்று நினைக்கிறார்கள். ஆனால் நேரம் உண்மையானதாக இருந்தால் என்ன செய்வது? ஐன்ஸ்டீனின் சிறப்புச் சார்பியல் கோட்பாடு, வேறொருவரைப் பொறுத்து நீங்கள் எவ்வளவு வேகமாக நகர்கிறீர்கள் என்பதைப் பொறுத்து காலம் எவ்வளவு குறைகிறது அல்லது நீள்கிறது என்று கூறுகிறது. ஒளியின் வேகத்தை நெருங்கும் போது, வேகமாகச் செல்லும் விண்கலத்திற்குள் இருக்கும் ஒருவர் புவியிலுள்ள தனது இரட்டையரை விட மிக மெதுவாக முதுமையடைகிறார். மேலும், ஐன்ஸ்டீனின் பொது சார்பியல் கோட்பாட்டின் படி , ஈர்ப்பானது காலத்தினை வளைக்கக்கூடும் என்பதும் தெளிவாகிறது.

காலவெளி எனப்படும் நான்கு பரிமாண கற்பனையான விரிப்பைக் கற்பனை செய்க. நிறை கொண்ட எந்த பொருளும் அந்தத் விரிப்பின் மீது அமையும்போது, அவை காலவெளியை வளைக்கும். இதன் மூலம் காலவெளியை வளைப்பது பொருள்களை வளைந்த பாதையில் நகர்த்தும் எனவும், வெளியின் வளைவு (space curvature) என்பது ஈர்ப்பு எனவும் நாம் புரிந்துகொள்ள முடியும்.

பொது மற்றும் சிறப்புச் சார்பியல் கோட்பாடுகள் ஜி.பி.எஸ் எனப்படும் இருப்பிடங்காட்டிச் செயற்கைக்கோள் தொழில்நுட்பத்துடன் நிரூபிக்கப்பட்டுள்ளன. ஜிபிஎஸ் மிகவும் துல்லியமான நேரக்கட்டுப்பாடுகளைக் கொண்டுள்ளன. புவியீர்ப்பு விளைவுகள் காரணமாக, செயற்கைக்கோள்கள் பூமிக்கு மேலே சுற்றுகையில், அவற்றின் சரிசெய்யப்படாத கடிகாரங்களின் விளைவாக ஒரு நாளைக்கு 38 மைக்ரோ விநாடிகளைக் கூடுதலாகப் பெறுகின்றன.

ஒரு விதத்தில், டைம் டைலேஷன் (அ) கால நீட்டிப்பு என்று அழைக்கப்படும் இந்த விளைவு, விண்வெளி வீரர்களின் காலப் பயணம் என்று கூட வர்ணிக்கப்படலாம். அவர்கள் பூமிக்குத் திரும்பும்போது, பூமியிலுள்ள ஒரே மாதிரியான அவரது இரட்டையரை விட சற்று இளையவர்களாக இருப்பார்கள். இரண்டு கருந்துளைகளை இணைக்கும் பாலம் புழுத்துளை என அழைக்கப்படுகிறது. இந்த பாலத்தை இயற்பியல் ரீதியாக ஐன்ஸ்டீன் ரோஷன் பாலம் என குறிப்பிடலாம். ஐன்ஸ்டைனின் மற்றொரு ஆராய்ச்சியில் விளைவாக இந்த கருத்தை,

இரு வேறுபட்ட இடங்களில் இருக்கும் குவாண்டம் இணைப்பிலான இரு அடிப்படை துகள்கள் அவற்றுக்கிடையே ஒரு மாய இணைப்பைப் பெற்றிருக்கும் என்று புரிந்துகொள்ளமுடியும். இந்த தத்துவத்தை ஐன்ஸ்டைன் ரோஷன் பொடால்ஸ்கி கூற்று என வரையறுக்கலாம். இவ்விரண்டு தத்துவத்தையும் வரையறுக்கும் போது குவாண்டம் ரீதியிலான இணைப்பில் இணைந்துள்ள இரு கருந்துளைகள் அவற்றுக்கு இடையே ஒரு இணைப்பு பாலத்தை பெற்றிருக்கும் என்று ஒன்றிணைக்க முடியும். இது ER=EPR ஒருங்கிணைப்பு என வரையறுக்கப்படுகிறது.

அவ்வகையான இணைப்பு பாலமே புழுத்துளைகள் எனப் புரிந்து கொள்ளலாம். இந்த புழுத் துளைகள் காலப் பயணத்திற்கு ஒரு அடிப்படைக் கூறாக அமைகிறது. நாசாவின் கூற்றுப்படி , பொதுச் சார்பியலானது புழுத்துளை வழியாக பயணிகள் காலத்தில் பயணம் செல்வதற்கு அனுமதிக்கும் கணித நிகழ்தகவுகளை வழங்குகிறது. இருப்பினும், அத்தகைய சமன்பாடுகள் இயல்பில் அடைவதற்குக் சிக்கலான விஷயமாக இருக்கலாம். காலத்தில் பயணம் செய்ய வேண்டுமானால் ஒளியின் வேகத்தை விட அதிகமான வேகத்தில் நாம் பயணிக்க வேண்டும்.

ஒளி வெற்றிடத்தில் வினாடிக்கு 299,792 கிலோமீட்டர் என்ற வேகத்தில் பயணிக்கிறது. ஐன்ஸ்டீனின் சமன்பாடுகள், ஒளியின் வேகத்தில் ஒரு பொருள் எல்லையற்ற நிறை மற்றும் சுழிய நீளம் இரண்டையும் கொண்டிருக்கும் என்பதைக் காட்டுகிறது. இது இயற்பியல் ரீதியாகச் சாத்தியமற்றதாகத் தோன்றுகிறது. இருப்பினும் சில விஞ்ஞானிகள் ஐன்ஸ்டைன் சமன்பாடுகளை விரிவுபடுத்தி, அதைச் சாத்தியமாக்கக்கூடும் என்று கூறியுள்ளனர். ஒரு சாத்தியக்கூறு என்னவெனில், வெளியானது நேரத்தின் புள்ளிகளுக்கு இடையில் "புழுத்துளைகளை" உருவாக்குவதாக நாசா கூறுகிறது. இவ்வகையான புழுத்துளைகளை உருவாக்கும்போது அவை காலப் பயணத்திற்கு ஒரு சாத்தியக்கூறாக இருக்கும் என கருதப்படுகிறது. மேலும், ஒரு புழுத்துளையை உருவாக்கத் தேவையான தொழில்நுட்பம் என்பது இன்று நம்மிடம் உள்ள எல்லாத் தொழில்நுட்பங்களையும் விட மிக சிக்கலானது.

காலப்பயணக் கோட்பாடுகள், மாற்று யோசனைகள்

ஐன்ஸ்டீனின் கோட்பாடுகள் நேர பயணத்தை கடினமாக்குவதாகத் தோன்றினாலும், சில ஆய்வுக்குழுக்கள் காலத்தில் முன்னும் பின்னுமாக செல்ல மாற்றுத் தீர்வுகளை முன்வைத்துள்ளன.

எல்லையற்ற உருளை

வானியலாளர் ஃபிராங்க் டிப்ளர் காலப்பயணத்துக்கு ஒரு செயல்முறையை முன்மொழிந்தார். (சில நேரங்களில் இது டிப்ளர் சிலிண்டர் என்று அழைக்கப்படுகிறது). சூரியனின் நிறையில் 10 மடங்கு என்று ஒரு பொருளை எடுத்து, அதை மிக நீண்ட ஆனால் அடர்த்தியான உருளையாக உருவாக்க வேண்டும்.

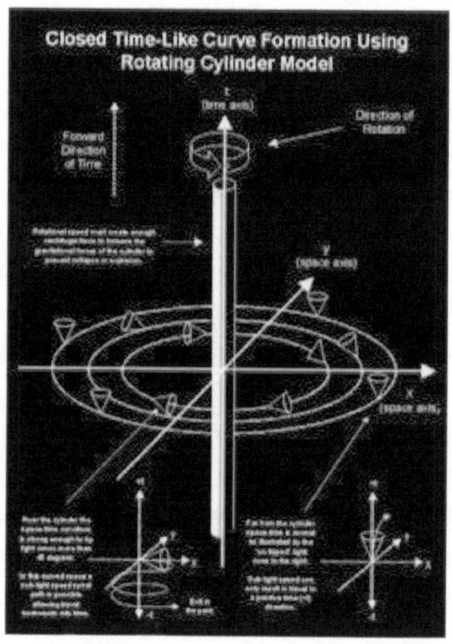

எல்லையற்ற உருளை

இந்த உருளை நிமிடத்திற்கு சில பில்லியன் தற்சுழற்சிகளைச் சுழற்றிய பின்னர், அருகிலுள்ள ஒரு விண்கலம் இந்த உருளைச் சுழற்சியின் விளைவால் உருளையைச் சுற்றி ஒரு மூடிய கால வளைவைப் பெற முடியும். இதன் மூலம் காலப்பயணம் சாத்தியம் ஆகும் என தெரிவிக்கப்படுகிறது. இருப்பினும், இந்த முறையுடன் வரம்புகள் உள்ளன. இந்த அமைப்பு வேலை செய்ய உருளை அதீத நீளமாக இருக்க வேண்டும்.**கருந்துளைகள்**

ஒரு கருந்துளையைச் சுற்றி ஒரு விண்வெளிக்கப்பலை விரைவாக நகர்த்துவது அல்லது ஒரு பெரிய, சுழலும் கட்டமைப்பைக் கொண்டு அந்த கருந்துளைச் சூழலைச் செயற்கையாக உருவாக்குவது காலப்பயணத்துக்கான மற்றொரு வாய்ப்பு

எனத் தெரிவிக்கப்படுகிறது.

"கருந்துளையைச் சுற்றிலும் அவர்கள் நகர்வார்கள். விண்வெளிக்கப்பலும் அதன் குழுவினரும் கால ஓட்டத்தின் போக்கில் பயணிப்பார்கள். ஆனால் அவர்களது விண்வெளிக்கப்பலில் காலம் ஏனையோரை விடவும் பாதியாக இருக்கும்." என்று இயற்பியலாளர் ஸ்டீபன் ஹாக்கிங் தெரிவிக்கிறார்.

"அவர்கள் தங்கள் ஐந்தாண்டுகளுக்கு கருந்துளையை வட்டமிட்டதாக கற்பனை செய்து பாருங்கள். பத்து ஆண்டுகள் பூமியில் கடந்திருக்கும். அவர்கள் பூமிக்கு வந்ததும், பூமியில் உள்ள அனைவருக்கும் அவர்கள் வயதை விட ஐந்து வயது அதிகமாக இருந்திருக்கும்." இருப்பினும், இந்த வழிமுறை வேலை செய்யக் குழுவினர் ஒளியின் வேகத்திற்கு இணையாகப் பயணிக்க வேண்டும்.

காஸ்மிக் சரங்கள் (Cosmic Strings)

காலப் பயணிகளுக்கான மற்றொரு சாத்தியமான கோட்பாடு அண்ட சரங்கள் என்று அழைக்கப்படுகிறது. எப்போதும் விரிவடையும் பிரபஞ்சத்தின், முழு நீளத்திலும் பரவிக்கிடக்கும் குறுகிய ஆற்றல் கொண்ட குழாய்களே அண்ட சரங்கள் ஆகும். இந்த மெல்லிய பகுதிகள், ஆரம்பகால பிரபஞ்சத்திலிருந்து எஞ்சியுள்ளன. அவை பெரிய அளவிலான நிறைகளைக் கொண்டிருப்பதாகக் கணிக்கப்படுகின்றன, எனவே அவற்றைச் சுற்றியுள்ள கால வெளியை அவை வளைக்கும்.

காஸ்மிக் சரங்கள் எல்லையற்றவை. அவை எந்த முனைகளும் இல்லாமல், சுருக்கப்பட்டு பிரபஞ்சத்தில் உள்ளன என்று விஞ்ஞானிகள் கூறுகிறார்கள். ஒன்றுக்கொன்று இணையாக இதுபோன்ற இரண்டு அண்ட சரங்களின் அணுகுமுறை காலவெளியை மிகவும் தீவிரமாக வளைக்கும். மேலும் கோட்பாட்டளவில், காலப் பயணத்தைச் சாத்தியமாக்கும்.

கால இயந்திரங்கள்

கால இயந்திரங்கள் நீங்கள் காலத்தில் முன்னோக்கி அல்லது பின்னோக்கிப் பயணிக்கத் தேவைப்படும் ஒரு சாதனம் என்று பொதுவாக புரிந்து கொள்ளப்படுகிறது. கால இயந்திர ஆராய்ச்சி பெரும்பாலும் காலவெளியை வளைப்பதை உள்ளடக்குகிறது. இதன் மூலம் காலக்கோடுகள் தங்களைத் திருப்பி ஒரு சுழற்சியை உருவாக்குகின்றன. இது அறிவியல் ரீதியாக "மூடிய காலம் போன்ற வளைவு" என்று அழைக்கப்படுகிறது.

கால இயந்திரங்களுக்கு பெரும்பாலும் "எதிர்மறை ஆற்றல் அடர்த்தி" என்று அழைக்கப்படும் ஒரு ஈர்ப்புப் பொருள் தேவை என்று கருதப்படுகிறது. இத்தகைய பொருள் , அவை தள்ளப்படும்போது நகர்த்துதலின் எதிர்த் திசையில் நகர்வது உட்பட வினோதமான பண்புகளைக் கொண்டுள்ளது. அத்தகைய விஷயம் கோட்-பாட்டளவில் இருக்கக்கூடும். இவ்வகையான கோட்பாட்டு அறிவியல் கருத்துகளை செயல்படுத்தினாலும் கால இயந்திரத்தை நிர்மாணிக்க குறைந்த அளவிலேயே சாத்தியக்கூறுகள் உண்டு.

இருப்பினும், காலப்பயண ஆராய்ச்சி ஈர்ப்பு விசையில் அணுகல் இல்லாமல் கால இயந்திரங்கள் சாத்தியம் என்று கூட சாத்தியக்கூறுகளை முன்வைக்கிறது. சாதாரண பொருளின் ஒரு கோளத்திற்குள் ஒரு டோனட் வடிவ வளைபரப்பைக் கட்டமைப்பதில் இருந்து கால இயந்திரத்தின் பணியானது தொடங்குகிறது.

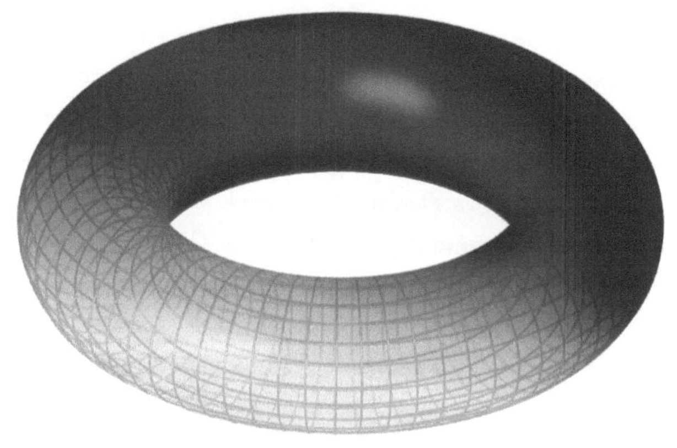

இந்த டோனட் வடிவ வெற்றிடத்தின் உள்ளே, ஒரு மூடிய காலம் போன்ற வளைவை உருவாக்க, செறிவடைந்த ஈர்ப்புப் புலங்கள் பயன்படுத்தப் படக்கூடும். காலவெளி இதன்மூலம் தன்னை வளைத்துக்கொள்ளக்கூடும். காலத்தில் முன் பின்னாய் செல்ல , ஒரு காலப்பயணி டோனட்டுக்குள் சுற்றி வளைந்து ஓடுவார். ஒவ்வொரு மடிப்பிலும் கடந்த காலத்திற்கு மேலும் செல்கிறார். இருப்பினும், இந்த கோட்பாடு பல சிக்கல்களைக் கொண்டுள்ளது. அத்தகைய மூடிய நேரம் போன்ற வளைவை உருவாக்க தேவையான ஈர்ப்புப்புலங்கள் மிகவும் வலுவாக இருக்க வேண்டும். மேலும் அவற்றை கையாளுவது மிகவும் துல்லியமாக இருக்க வேண்-டும்.

முன்னோர் முரண்பாடு

இயற்பியல் சிக்கல்களைத் தவிர, காலப் பயணமும் சில தனித்துவமான முரண்க-ளுடன் வரக்கூடும். ஒரு சிறந்த உதாரணம் முன்னோர் முரண்பாடு. அதில் ஒரு காலப்பயணி காலத்தில் பின்னோக்கிச் சென்று தனது பெற்றோரையோ அல்லது தாத்தாவையோ கொன்றுவிடுகிறார் - "டெர்மினேட்டர்" திரைப்படங்களில் வரு-வது போல எதிர்காலத்திலிருந்து கடந்த காலத்திற்கு வந்து ஒரு சதி நடக்கவி-டாமல் தடுப்பது போன்ற ஒரு செயல் இது. அது போல நடந்தால், நீங்கள் ஒரு இணையான பிரபஞ்சத்தில் பிறக்க மாட்டீர்கள், என்று இயற்பியலாளர்கள் கருத்து தெரிவிக்கின்றனர் . மேலும் சில இயற்பியலாளர்கள், வெளிச்சத்தை உருவாக்-கும் ஃபோட்டான்கள் காலவரிசைகளில் சுய-நிலைத்தன்மையை விரும்புகின்றன. எனவே இது உங்கள் தீய, தற்கொலை திட்டத்தில் நிறுத்திவிடும் என்று அறுதி-யிட்டுக் கூறுகின்றனர். சில விஞ்ஞானிகள் மேலே குறிப்பிட்டுள்ள விருப்பங்களு-டன் உடன்படவில்லை, உங்கள் விருப்பம் என்னவாக இருந்தாலும் காலப் பயணம் சாத்தியமில்லை என்று கூறுகிறார்கள்.

மேலும், மனிதர்கள் காலப் பயணத்தைத் தாக்குப்பிடிக்க முடியாமல் போகலாம். ஒளியின் வேகத்தை ஏறக்குறைய பயணிப்பது ஒரு மையவிலக்கு விசையை மட்-டுமே மேற்கொள்ளும். ஆனால் அது ஆபத்தானது என்று சாப்மேன் பல்கலைக்க-ழகத்தின் இயற்பியல் பேராசிரியர் ஜெஃப் டோலாக்ஸன் கூறுகிறார். ஈர்ப்பு விசை-யைப் பயன்படுத்துவதும் ஆபத்தானது. கால நீட்டிப்பை அனுபவிக்க, ஒருவர் நியூட்ரான் நட்சத்திரத்தில் நிற்க முடியும். ஆனால் அங்கு உள்ள ஈர்ப்பின் அதீதம் காலப் பயணம் மேற்கொள்ளும் நபரை துண்டு துண்டாக கிழித்து விடும்.

அப்படியானால் காலப் பயணம் சாத்தியமா?

காலப் பயணம் சாத்தியமில்லை என்று தோன்றினாலும் - குறைந்தபட்சம், மனி-தர்கள் காலப் பயணத்தில் வேறுபடும் மாற்றங்களைத் தாங்கிக் கொள்வார்கள் என்ற பொருளில் , நேரப் பயணம் குறித்த இயற்பியல் அறிவு தொடர்ந்து மாறிக்-கொண்டே இருக்கிறது. குவாண்டம் கோட்பாடுகளில் ஏற்படும் முன்னேற்றங்கள் காலப் பயணத்தின் முரண்பாடுகளை எவ்வாறு சமாளிப்பது என்பது குறித்த சில புரிதல்களை வழங்கக்கூடும் என எதிர்பார்க்கப்படுகிறது. குவாண்டம் தத்துவத்தின் ஒரு சாத்தியம், இது நேர பயணத்திற்கு வழிவகுக்காது என்றாலும், சில துகள்-கள் எவ்வாறு ஒளியின் வேகத்தை விட வேகமாக ஒன்றோடொன்று உடனடியாக தொடர்பு கொள்ள முடியும் என்ற மர்மத்தை தீர்க்கிறது.

எனவே அத்தகைய அறிவியல் நுட்பம் வரும்வரையில், ஆர்வமுள்ள காலப் பயணிகள் குறைந்தபட்சம் திரைப்படங்கள், தொலைக்காட்சி மற்றும் புத்தகங்கள் மூலம் காலப் பயணத்தை கண்டுகளிக்கத்தான் முடியும்.

3

கருந்துளைகள் ஒரு சுருக்கமான அறிமுகம்

கருந்துளைகள் இந்த பிரபஞ்சத்தின் மிக அற்புதமான அதி உன்னதமான அறிவியல் அதிசயங்கள். இந்த கருந்துளைகள் என்பது என்ன? அவை எவ்வாறு உருவாகின்றன என்பதைப் பற்றி இங்கு விரிவாகக் காண இருக்கிறோம். அறிவியல் இன்றைய காலகட்டத்தில் பெருமளவு வளர்ந்து நிற்கிறது. அறிவியலில் விளக்க முடியாத விஷயங்களே இல்லை என்ற அளவிற்கு அறிவியல் வெகுதூரம் முன்னேறியுள்ளது. அறிவியலின் துணை கொண்டு இன்று பல்வேறு சாதனைகளைச் செய்து வருகிறோம். பூமியைத் தாண்டி செயற்கைக்கோள்களை அனுப்பியுள்ளோம். "நிலா, நிலா ஓடி வா" என்று பாடிய காலத்தையெல்லாம் புறத்தே தள்ளி நிலவிற்கு விண்கலங்களை அனுப்பி வருகிறோம். செவ்வாய் கிரகத்திற்கும், வியாழனுக்கும், சனி கிரகத்திற்கும் செயற்கைக்கோள்களை அனுப்பி அவற்றில் என்னவெல்லாம் நிகழ்கிறது என்று நுணுகி ஆராய்ந்து வருகிறோம். செவ்வாய் கிரகத்தின் தரைப் பகுதியை ரோபோக்கள் மூலமாக ஆராய்ந்து வருகிறோம் சூரிய குடும்பத்தின் எல்லையான புளூட்டோவிற்கும் ஆய்வுக்கலனை அனுப்பி வைத்துள்ளோம். இவ்வளவு ஏன், அணுகவே முடியாது என்று நினைத்த சூரியனுக்கும் செயற்கை கோள்களை அனுப்பி வைத்துள்ளோம். தொலைநோக்கிகள் வாயிலாகக் காண இயலாத பிரபஞ்சத்தில் அதி உன்னத ரகசியங்கள் மற்றும் மனதைக் கொள்ளை கொள்ளும் இயற்கையின் பேரழகு நடனங்களை பூமிக்கு வெளியே நிறுத்தப்பட்டுள்ள வானியல் தொலைநோக்கிகள் வாயிலாகக் கண்டுணர்ந்து வருகிறோம்.

இவ்வாறான அறிவியல் முன்னேற்றங்கள் மற்றும் தொழில்நுட்ப முன்னேற்றங்கள் மனிதனின் சிந்தனையையும் மற்றும் பிரபஞ்சத்தைப் பற்றிய புரிதலையும் அடுத்த தளத்திற்கு உயர்த்தியுள்ளன. முற்காலங்களில் பூமியை மற்ற கிரகங்கள்

சுற்றி வருகின்றன மற்றும் சூரியனும் சுற்றி வருகின்றது என்று இருந்த தத்துவத்தை மாற்றி தற்போது கெப்ளர் விண்கல ஆய்வு மூலமாக பிரபஞ்சத்தில் உயிர் வாழத் தகுதியுள்ள கோள்களை ஆராயும் அளவிற்கு அறிவின் முன்னேற்றம் மேம்பட்டுள்ளது. இந்த தொழில்நுட்ப முன்னேற்றங்களும் அறிவியல் வளர்ச்சியும் அடிப்படை அறிவியலான கணிதம் மற்றும் இயற்பியலில் ஏற்பட்ட மாற்றங்கள் வாயிலாக கனிந்துள்ளன.

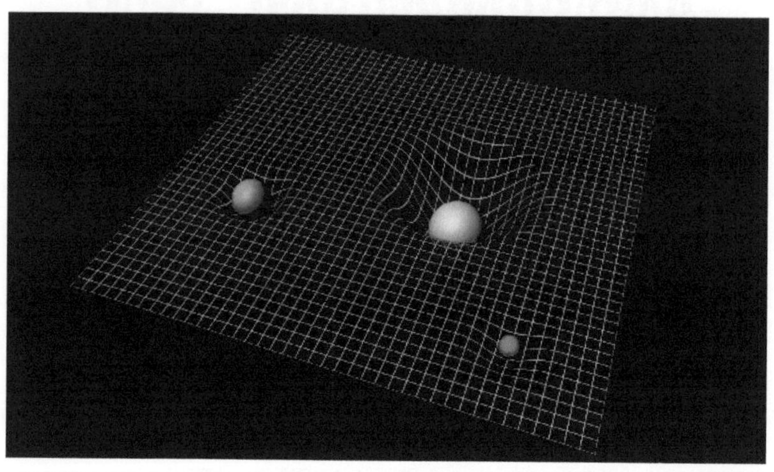

இந்த வகையில் இயற்பியல் பெரும் முன்னேற்றம் கண்டுள்ளது. பூமி எவ்வாறு இயங்குகிறது? சூரியனைச் சுற்றிக் கோள்கள் எவ்வாறு இயங்குகிறது என்ற கேள்விகளில் ஆரம்பித்த இயற்பியல், இன்று சூரிய குடும்பத்திற்கு அப்பாலும் நுணுக்கமான கணக்கீடுகளின் மூலம் துல்லியமாக வானியல் பொருட்களின் இயக்கங்களைக் கணித்து வருகிறது. சூரிய மண்டலம், பால்வெளி அண்டம், நட்சத்திரக் கூட்டங்கள், மற்றும் ஒட்டுமொத்த பிரபஞ்சத்தின் இயக்கத்தையும் இயற்பியல் கணக்கீடுகள் துல்லியமாக வரையறுத்து வருகின்றன. இவ்வளவு பிரம்மாண்டத்தைக் கணக்கிடும் இயற்பியலானது மிகச் சிறிய பொருட்களின் இயக்கத்தையும் கணக்கிட்டு வருகிறது. மூலக்கூறுகள், அணுக்கள், அடிப்படைத் துகள்கள், அலைகள் மற்றும் புலங்கள் என அனைத்தையும் இயற்பியல் பகுத்து ஆராய்கிறது. பிரபஞ்சத்தின் இயக்கத்தை ஆராயும் இயற்பியல், பிரபஞ்சத்தின் துவக்கமான மூலப்புள்ளியையும் கேள்வி கேட்கிறது. இயற்பியலின் கேள்விகளுக்கு அப்பாற்பட்-

டது எதுவுமே இல்லை என்று ஆணித்தரமாக இயற்பியல் நிரூபித்து வருகிறது. கருந்துளைகள் என்பது மிகவும் புதிர் கொண்ட விஞ்ஞான விஷயமாகப் பார்க்கப்படுகிறது. கருந்துளைகளைப் பற்றி பல்வேறு கருத்துக்கள் மற்றும் ஆய்வுகள் மேற்கொள்ளப்பட்டு வருகின்றன. கருந்துளைகள் இவ்வளவு புதிராக இருப்பதற்குக் காரணம் கருந்துளைக்குள் என்ன நிகழ்கிறது என்பதை மிகத் தெளிவாக இன்னும் விஞ்ஞானத்தால் புரிந்துகொள்ள முடியவில்லை. அவற்றின் சிறப்புப. பண்புகள் அவ்வாறாக அமைந்துள்ளன.

கருந்துளைகள் விண்வெளியில் அடர்த்தியான காலவெளிப் புள்ளிகளாகும். அவை அதீதமான ஈர்ப்பைக் கொண்டுள்ளன. அங்குள்ள ஈர்ப்பாற்றல் ஒளியைக் கூட உள்ளிழுக்கவும் , வெளியை வளைக்கவும், நேரத்தைச் சிதைக்கவும் கூடப் போதுமானதாக இருக்கும். கருந்துளையின் ஒரு குறிப்பிட்ட பகுதிக்கு அப்பால், அதன் சக்திவாய்ந்த ஈர்ப்பில் இருந்து ஒளியால் கூட தப்ப முடியாது. நட்சத்திரம், கிரகம் அல்லது விண்கலம் என எதுவாக இருந்தாலும், கருந்துளையை மிக நெருக்கமாக அணுகிச் செல்லும் எதையும் கருந்துளை அதனுள் இழுத்துச் சுருக்கி விடும். பொதுவாக நான்கு வகையான கருந்துளைகள் உள்ளன. நட்சத்திரக் கருந்துளை, இடைநிலைக் கருந்துளை, மீக்கருந்துளை மற்றும் மினியேச்சர் கருந்துளை. கருந்துளை உருவாகும் பொதுவான வழி என்பது என்பது ஒரு நட்சத்திரத்தின் இறப்பாக உள்ளது. நட்சத்திரங்கள் தங்கள் வாழ்க்கையின் இறுதிப்பகுதியை எட்டும்போது, பெரும்பாலானவை வீங்கி , நிறையை இழந்து, பின்னர் குளிர்ந்து வெள்ளைக் குள்ளர்களை உருவாக்கும். ஆனால் இவற்றில் நமது சூரியனை விட குறைந்தது 10 முதல் 20 மடங்கு அதிக நிறை கொண்டவை, மீயடர்த்தியான நியூட்ரான் நட்சத்திரங்கள் அல்லது நட்சத்திர-நிறைக்கருந்துளைகள் என அழைக்கப்படுகின்றன.

அவற்றின் இறுதி கட்டங்களில், சூப்பர்நோவா எனப்படும் மிகப்பெரும் வெடிப்புகள் நிகழ்கின்றன. நட்சத்திரம் இயக்கத்தில் இருக்கும் போது, அணுக்கரு இணைவு ஒரு நிலையான வெளிப்புற உந்துதலை உருவாக்கும். இவ்வாறு நட்சத்திரத்தின் சொந்த நிறையிலிருந்து எழும் ஈர்ப்பு விசையானது நட்சத்திரம் உள்நோக்கி இழுக்கப்படுவதைச் சமப்படுத்தும். ஒரு சூப்பர்நோவாவில் மிஞ்சும் நட்சத்திர எச்சங்களில், அதன் உள்ளார்ந்த ஈர்ப்பு சக்தியை எதிர்ப்பதற்கு இனி சக்திகள் இல்லை என்ற நிலை உருவாகும் சூழ்நிலையில் நட்சத்திர மையமானது தன்னைத்தானே வீழ்த்தத் தொடங்குகிறது. அதன் நிறையானது மிகவும் சிறிய புள்ளியாக உருக்குலையும் போது, ஒரு கருந்துளை பிறக்கிறது. நம்முடைய சூரியனின் நிறையை விட பல மடங்கு அதிகமான, மாபெரும் மொத்த நிறையை, இவ்வளவு சிறிய புள்ளியில் அடைப்பது கருந்துளைகளுக்குச் சக்திவாய்ந்த ஈர்ப்பு விசையை அளிக்கிறது. இந்த ஆயிரக்கணக்கான நட்சத்திர நிறைக் கருந்து-

ளைகள் நம் பால்வீதி விண்மீன் மண்டலத்திற்குள் ஒளிந்திருக்கலாம். கருந்துளை குடும்பத்தின் மிகச்சிறிய உறுப்பினர்கள் பிரபஞ்சத்தில் எஞ்சி இருப்பது, கோட்பாட்டு ரீதியில் நிரூபிக்கப்பட்டுள்ளன. . பிரபஞ்சத்தில் இடைநிலை-நிறை கருந்துளைகள் எனப்படும் ஒரு வகைக் கருந்துளைகள் உள்ளன என்றும் வானியலாளர்கள் சந்தேகிக்கின்றனர். இருப்பினும் அவற்றுக்கான சான்றுகள் இதுவரை கிடைக்கவில்லை. அவற்றின் தொடக்க நிறையைப் பொருட்படுத்தாமல், கருந்துளைகள் தங்கள் வாழ்நாள் முழுவதும் வளரக்கூடும். மேலும் அவை அவற்றிற்கு மிக நெருக்கமாகச் செல்லும் எந்தவொரு பொருளிலிருந்தும் வாயு மற்றும் தூசியை உள்ளிழுத்துக் கொள்கின்றன. எடுத்துக்கொள்கின்றன. நிகழ்வெல்லையைக் கடந்து செல்லும் எதுவும் , கருந்துளையிலிருந்து தப்பிப்பது சாத்தியமற்றது . இந்த ஈர்ப்பு வலிமையை எந்த ஒரு பொருளாலும் மீற இயலாது. உதாரணமாக, நமது சூரியனை திடீரென அதை ஒத்த நிறையுடைய கருந்துளையாக மாற்றினால், நமது கிரகங்கள் தொடர்ந்து குறைந்த வெப்பம் மற்றும் வெளிச்சத்துடன் அந்த மையத்தைத் தடையில்லாமல் சுற்றும். கருந்துளைகள் அதை நோக்கி வரும் எல்லா ஒளியையும் விழுங்குவதால், வானத்தில் உள்ள ஏனைய வானியல் பொருள்களைப் போல வானியலாளர்களால் அவற்றை நேரடியாக கண்டுபிடிக்க முடியாது. ஆனால் கருந்துளையின் இருப்பை மறைமுகமாக வெளிப்படுத்தும் சில விசைகள் உள்ளன. ஒன்று, ஒரு கருந்துளையின் தீவிர ஈர்ப்பு விசை. அது கருந்துளையைச் சுற்றியுள்ள எந்தவொரு பொருளையும் இழுக்கிறது. நமக்கு அருகிலுள்ள மற்றும் கண்ணுக்குத் தெரியாத கருந்துளைகளின் இருப்பைக் கண்டறிய வானியலாளர்கள் இந்த ஒழுங்கற்ற இயக்கங்களைப் பயன்படுத்துகின்றனர். வானியல் பொருள்கள் ஒரு கருந்துளையைச் சுற்றக்கூடிய இயக்கத்தை வைத்து வானியலாளர்கள் கருந்துளைகளின் இருப்பை அறிகின்றனர். இவ்வாறாக 2000 ஆண்டுகளின் முற்பகுதியில் வானியலாளர்கள் தனுசு A * ஐ ஒரு கருந்துளை என்று அடையாளம் கண்டுகொண்டனர்.**கருந்துளைகள் - விசித்திரமான சூழல்**

கருந்துளைகள் மூன்று பகுதிகளைக் கொண்டிருக்கின்றன: வெளி மற்றும் உள் நிகழ்வெல்லை, மற்றும் ஓர்மைப்புள்ளி. ஒரு கருந்துளையின் நிகழ்வெல்லை என்பது கருந்துளையின் எல்லையாகும். இந்த எல்லையைக் கடந்த ஒளியானது தப்ப முடியாது. ஒரு துகள் நிகழ்வெல்லையைத் தாண்டியதும், அதை விட்டு வெளியேற முடியாது. ஒரு கருந்துளையின் உள் பகுதியில் அதன் நிறையானது செறிந்திருக்கும்.

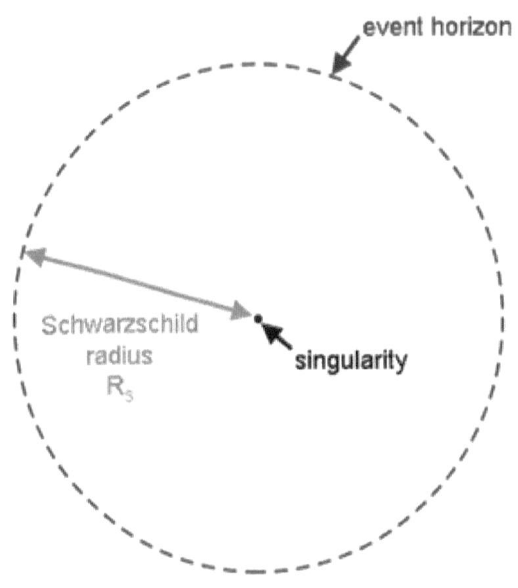

கருந்துளைகள் மூன்று பகுதி

கருந்துளைக்கு இரண்டு அடிப்படை பாகங்கள் உள்ளன: ஓர்மைப்புள்ளி மற்றும் நிகழ்வெல்லை. நிகழ்வெல்லை என்பது கருந்துளையைச் சுற்றியுள்ள "திரும்ப வர இயலாத இடம் " ஆகும். இந்தப் புள்ளியில் விடுபடு வேகம் ஒளியின் வேகத்திற்கு சமமாக இருக்கும். கருந்துளையை ஒரு கோளமாகக் கருதினால் அதன் ஆரம் ஸ்வார்ஸ்ஸ்சைல்ட் ஆரம் எனலாம். நிகழ்வெல்லைக்குள் ஒரு பொருள் வந்தவுடன், அது மையத்தினை நோக்கிச் செல்லும். அத்தகைய வலுவான ஈர்ப்பு விசையுடன் உள்ள மையத்தில் இருக்கும் அதீத அடர்த்தி கொண்ட ஒரு புள்ளி ஓர்மைப்புள்ளி என்று அழைக்கப்படுகிறது. இந்த ஓர்மைப்புள்ளியானது அடிப்படையில் எல்லையற்ற அடர்த்தியைக் கொண்டுள்ளது. அங்கு கருந்துளையின் அனைத்து நிறைகளும் கிட்டத்தட்ட பூஜ்ஜிய அளவிற்கு சுருக்கப்பட்டுள்ளது. அங்கு இயற்பியலின் விதிகள் ஓர்மைப்புள்ளியில் உடைந்து போக வாய்ப்புள்ளது. இந்த ஓர்மைப்புள்ளியில் என்ன நடக்கிறது என்பதை நன்கு புரிந்துகொள்வதற்கும், கருந்துளையின் மையத்தில் என்ன நடக்கிறது என்பதை சிறப்பாக விவரிக்கும் ஒரு முழு கோட்பாட்டை எவ்வாறு உருவாக்குவது என்பதையும் விஞ்ஞானிகள் தீவிரமாக ஆராய்ச்சியில் ஈடுபட்டுள்ளனர்.

ஐரோப்பிய விண்வெளி ஆய்வு நிலையத்தின் மிகப் பெரிய தொலைநோக்கி-யுடன் எடுக்கப்பட்ட இந்தப் படம், விண்மீன்திரள் என்ஜிசி 1313 இன் மையப் பகுதியைக் காட்டுகிறது. (பட உதவி : ESO)

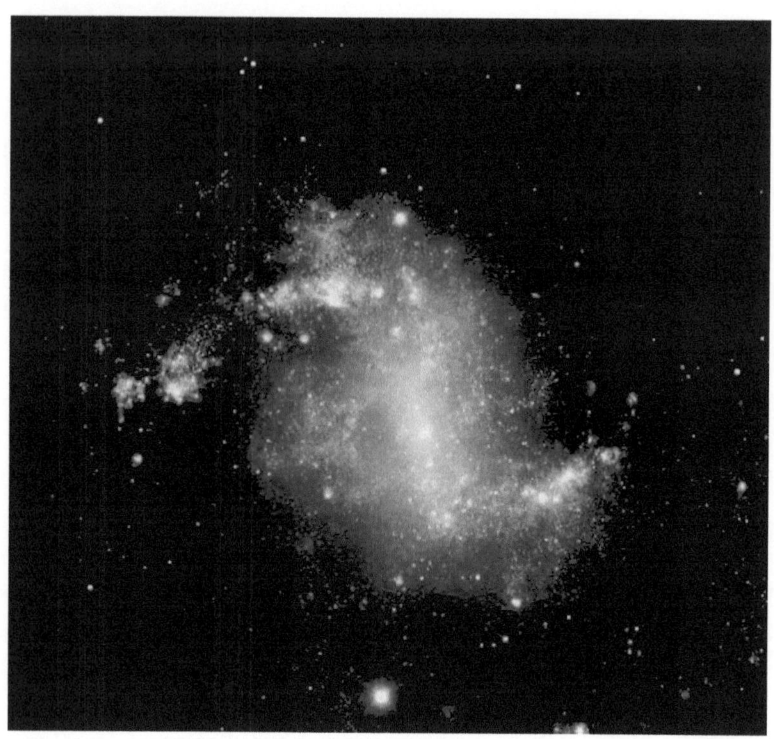

விண்மீன்திரள் என்ஜிசி 1313 இன் மையப்பகுதி

கருந்துளை உருவாதல்

கருந்துளைகள் எவ்வாறு கொண்டிருக்கும். மேலும் தனது எடையை அந்நட்-சத்திரம் இழக்க இழக்க அதனுடைய ஆரமானது சுவார்சைல்டு ஆரம் என்ற நிலைக்கு வரும். இந்த நிலையில் கருந்துளையானது உருவாக வாய்ப்புள்ளது. அதாவது அந்த நட்சத்திரத்தின் ஆரம் இந்த அளவிற்கு சுருங்கும்போது தனது ஈர்ப்பு விசையால் தானே பீடிக்கப்பட்டு, உருக்குலைந்து, நொறுங்கி கருந்துளை-யாக மாறிப் போய் விடுகிறது. இவ்வாறு உருவாகும் கருந்துளைகள் ஒரு நிகழ்வு

எல்லையையும் மற்றும் ஒரு ஓர்மைப் புள்ளியையும் கொண்டுள்ளதாக இருக்கும்.

கருந்துளைக்கு உள்ளே உள்ள பரிமாணம் காலம் என்பதாக மட்டுமே இருக்கும். அதாவது கருந்துளையின் நிகழ்வெல்லைக்கு அப்பால் கால வெளியில் பயணம் செய்யும் ஒரு நபர் கருந்துளைக்கு உள்ளே காலத்தில் மட்டுமே பயணம் செய்வார். விண்வெளியில் நட்சத்திரங்களையும் பிற பொருட்களையும் பார்க்கும் விதத்தில் விஞ்ஞானிகளால் கருந்துளைகளைப் பார்க்க முடியாது. அதற்கு பதிலாக, வானியலாளர்கள் தூசி மற்றும் வாயு அடர்த்தியான உயிரினங்களுக்குள் இழுக்கப்படுவதால் வெளியேறும் கதிர்வீச்சுகளிலிருந்து, கருந்துளைகளின் இருப்பைக் கண்டறிய வேண்டும். ஆனால் ஒரு விண்மீன்திறளின் மையத்தில் இருக்கும் மீக்கருந்துளைகள், அவற்றைச் சுற்றியுள்ள தடிமனான தூசி மற்றும் வாயுவால், நாம் அவற்றைக் கணிப்பதிலிருந்து மறைக்கப்படலாம்.

ஆல்பர்ட் ஐன்ஸ்டீன் தனது பொது சார்பியல் கோட்பாட்டின் மூலம் 1916 இல் கருந்துளைகள் இருப்பதை முதலில் கணித்தார். "கருந்துளை" என்ற சொல் பல ஆண்டுகளுக்குப் பிறகு 1967 ஆம் ஆண்டில் அமெரிக்க வானியலாளர் ஜான் வீலர் என்பவரால் உருவாக்கப்பட்டது. பல தசாப்தங்களாக கருந்துளைகள் கோட்பாட்டு இயற்பியல் ரீதியிலான பொருள்கள் என்று மட்டுமே அறியப்பட்டது. கருந்துளையின் இருப்பு முதன்முதலில் 1971 இல் கண்டுபிடிக்கப்பட்டது.

பின்னர், 2019 ஆம் ஆண்டில் ஈவன்ட் ஹொரைசன் தொலைநோக்கி (ஈஎச்.டி) மூலமாக விஞ்ஞானிகளின் கடுமையான உழைப்பின் ஒத்துழைப்பில் கருந்துளை குறித்து பதிவு செய்யப்பட்ட முதல் படம் வெளியிடப்பட்டது. ஈவன்ட் ஹொரைசன் தொலைநோக்கி , விண்மீன்திறள் M87 இன் மையத்தில் உள்ள கருந்துளையைப் படம் பிடித்தது. இந்த படத்தில் கருந்துளையிலிருந்து எதுவும் தப்பிக்க முடியாத பகுதியானது படமாக்கப்பட்டது. இது கருந்துளைகளின் ஆராய்ச்சியில் புதிய கதவுகளைத் திறந்து வைத்துள்ளது. இப்போது வானியலாளர்களுக்கு ஒரு கருந்துளை எப்படி இருக்கும் என்று உறுதியாகத் தெரிய வந்துள்ளது. இதுவரை, வானியலாளர்கள் மூன்று வகையான கருந்துளைகளை அடையாளம் கண்டுள்ளனர். அவையாவன முறையே நட்சத்திரக் கருந்துளைகள், மாபெரும் கருந்துளைகள் மற்றும் இடைநிலைக் கருந்துளைகள்.

மற்றைய ஈர்ப்பின் மூலங்களை விட மிகப் பெரிய வேறுபாடு என்னவென்றால், கருந்துளைகள் பெரும்பாலான பொருள்களை விட அடர்த்தியானவை. மிகக் குறைந்த அளவிலான இடத்தை ஆக்கிரமித்துள்ளன. மேலும் அவை வேறு எந்த ஒரு பொருளையும் விட அதீத நிறை கொண்டதாக இருக்கும்.உருவாகின்றன என்பதை இந்த பகுதியில் காணலாம். எரிந்து முடித்த ஒரு நட்சத்திரமானது தனது எரிபொருட்களை எல்லாம் தீர்த்து விட்டபிறகு எவ்வாறு மாறும் என்பதை இக்கட்டுரையான் முந்தைய பகுதிகளில் சற்றுப் பார்த்தோம். தற்போது அதன் இரண்-

டாவது பகுதியான கருந்துளை எவ்வாறு உருவாகிறது என்பதை இங்கு காண்-போம். ஒரு நட்சத்திரமானது தனது நிறையை முழுவதும் இழந்த பிறகு அது நியூட்ரான் நட்சத்திரமாகச் சுற்றிக்கொண்டிருக்கும். மேலும் தனது எடையை அந்-நட்சத்திரம் இழக்க இழக்க அதனுடைய ஆரமானது சுவார்சைல்டு ஆரம் என்ற நிலைக்கு வரும். இந்த நிலையில் கருந்துளையானது உருவாக வாய்ப்புள்ளது. அதாவது அந்த நட்சத்திரத்தின் ஆரம் இந்த அளவிற்கு சுருங்கும்போது தனது ஈர்ப்பு விசையால் தானே பீடிக்கப்பட்டு, உருக்குலைந்து, நொறுங்கி கருந்துளை-யாக மாறிப் போய் விடுகிறது. இவ்வாறு உருவாகும் கருந்துளைகள் ஒரு நிகழ்வு எல்லையையும் மற்றும் ஒரு ஓர்மைப் புள்ளியையும் கொண்டுள்ளதாக இருக்கும்.

கருந்துளைக்கு உள்ளே உள்ள பரிமாணம் காலம் என்பதாக மட்டுமே இருக்-கும். அதாவது கருந்துளையின் நிகழ்வெல்லைக்கு அப்பால் கால வெளியில் பயணம் செய்யும் ஒரு நபர் கருந்துளைக்கு உள்ளே காலத்தில் மட்டுமே பயணம் செய்வார். விண்வெளியில் நட்சத்திரங்களையும் பிற பொருட்களையும் பார்க்கும் விதத்தில் விஞ்ஞானிகளால் கருந்துளைகளைப் பார்க்க முடியாது. அதற்கு பதி-லாக, வானியலாளர்கள் தூசி மற்றும் வாயு அடர்த்தியான உயிரினங்களுக்குள் இழுக்கப்படுவதால் வெளியேறும் கதிர்வீச்சுகளிலிருந்து, கருந்துளைகளின் இருப்-பைக் கண்டறிய வேண்டும். ஆனால் ஒரு விண்மீன்திறளின் மையத்தில் இருக்கும் மீக்கருந்துளைகள், அவற்றைச் சுற்றியுள்ள தடிமனான தூசி மற்றும் வாயுவால், நாம் அவற்றைக் கணிப்பதிலிருந்து மறைக்கப்படலாம்.

ஆல்பர்ட் ஐன்ஸ்டீன் தனது பொது சார்பியல் கோட்பாட்டின் மூலம் 1916 இல் கருந்துளைகள் இருப்பதை முதலில் கணித்தார். "கருந்துளை" என்ற சொல் பல ஆண்டுகளுக்குப் பிறகு 1967 ஆம் ஆண்டில் அமெரிக்க வானியலாளர் ஜான் வீலர் என்பவரால் உருவாக்கப்பட்டது. பல தசாப்தங்களாக கருந்துளைகள் கோட்-பாட்டு இயற்பியல் ரீதியிலான பொருள்கள் என்று மட்டுமே அறியப்பட்டது. கருந்-துளையின் இருப்பு முதன்முதலில் 1971 இல் கண்டுபிடிக்கப்பட்டது.

பின்னர், 2019 ஆம் ஆண்டில் ஈவன்ட் ஹொரைசன் தொலைநோக்கி (ஈஎச்.டி) மூலமாக விஞ்ஞானிகளின் கடுமையான உழைப்பின் ஒத்துழைப்பில் கருந்துளை குறித்து பதிவு செய்யப்பட்ட முதல் படம் வெளியிடப்பட்டது. ஈவன்ட் ஹொரைசன் தொலைநோக்கி , விண்மீன்திறள் M87 இன் மையத்தில் உள்ள கருந்துளையைப் படம் பிடித்தது. இந்த படத்தில் கருந்துளையிலிருந்து எதுவும் தப்பிக்க முடியாத பகுதியானது படமாக்கப்பட்டது. இது கருந்துளைகளின் ஆராய்ச்சியில் புதிய கதவுகளைத் திறந்து வைத்துள்ளது. இப்போது வானியலாளர்-களுக்கு ஒரு கருந்துளை எப்படி இருக்கும் என்று உறுதியாகத் தெரிய வந்துள்ளது. இதுவரை, வானியலாளர்கள் மூன்று வகையான கருந்துளைகளை அடையாளம் கண்டுள்ளனர். அவையாவன முறையே நட்சத்திரக் கருந்துளைகள், மாபெரும்

கருந்துளைகள் மற்றும் இடைநிலைக் கருந்துளைகள்.

மற்றைய ஈர்ப்பின் மூலங்களை விட மிகப் பெரிய வேறுபாடு என்னவென்றால், கருந்துளைகள் பெரும்பாலான பொருள்களை விட அடர்த்தியானவை. மிகக் குறைந்த அளவிலான இடத்தை ஆக்கிரமித்துள்ளன. மேலும் அவை வேறு எந்த ஒரு பொருளையும் விட அதீத நிறை கொண்டதாக இருக்கும்.

4

கருந்துளைகள் சில வகைகள்

இடைநிலைக் கருந்துளைகள்

விஞ்ஞானிகள் முன்னதாகக் கருந்துளைகள் சிறிய மற்றும் பெரிய அளவுகளில் மட்டுமே இருக்கக்கூடும் என்று நினைத்தார்கள். ஆனால் சமீபத்திய ஆராய்ச்சிகள் நடுத்தர அல்லது இடைநிலை கருந்துளைகள் (Intermediate black holes) இருக்கக்கூடும் என்பதை வெளிப்படுத்தியுள்ளது.

ஒரு நட்சத்திரத் தொகுதியிலுள்ள நட்சத்திரங்கள், சங்கிலி விளைவாக மோதும் போது இத்தகைய இடைநிலைக் கருந்துளைகள் உருவாகலாம் என்று ஆய்வுகள் தெரிவிக்கின்றன. அதே பிராந்தியத்தில் உருவாகும் இந்த இடைநிலைக் கருந்துளைகளில் பல இறுதியில் ஒரு விண்மீனின் மையத்தில் ஒன்றாக விழுந்து ஒரு மீக்கருந்துளையை உருவாக்கக்கூடும். 2014 ஆம் ஆண்டில், வானியலாளர்கள் ஒரு சுழல் விண்மீன் திறளின் நீட்சிக் கரத்தில் ஒரு இடைநிலை கருந்துளை இருப்பதைக் கண்டறிந்தனர். "இந்த நடுத்தர அளவிலான கருந்துளைக் கண்டறிய வானியலாளர்கள் மிகவும் கடினமாக முயன்று வருகின்றனர்" என்று டர்ஹாம் பல்கலைக்கழகத்தின், டிம் ராபர்ட்ஸ் ஒரு அறிக்கையில் தெரிவித்துள்ளார். 2018 முதல் புதிய ஆராய்ச்சிகளின் விளைவுகள், இந்த இடைநிலைக் கருந்துளைகள் குள்ள விண்மீன் திரள்களின் (அல்லது மிகச் சிறிய விண்மீன் திரள்களின்) மையத்தில் இருக்கலாம் என்று பரிந்துரைத்தன. இதுபோன்ற 10 விண்மீன் திரள்களின் அவதானிப்புகள், கருந்துளைகளில் பொதுவான எக்ஸ்ரே செயல்பாடுகளின் மூலம் - 36,000 முதல் 316,000 சூரிய நிறைகளினான கருந்துளைகள் இருப்-

பதை உறுதி செய்கிறது. ஸ்லோன் டிஜிட்டல் ஸ்கை சர்வேயில் (Sloan Digital Sky Survey) இருந்து இத்தகவல் கிடைக்கிறது.

இரட்டைக் கருந்துளைகள் (binary black holes)

2015 ஆம் ஆண்டில், லேசர் இன்டர்ஃபெரோமீட்டர் ஈர்ப்பு-அலை ஆய்வகத்தில் (LIGO) வானியலாளர்கள் நட்சத்திரக் கருந்துளைகளின் இணைவில் இருந்து ஈர்ப்பு அலைகளைக் கண்டறிந்தனர்.

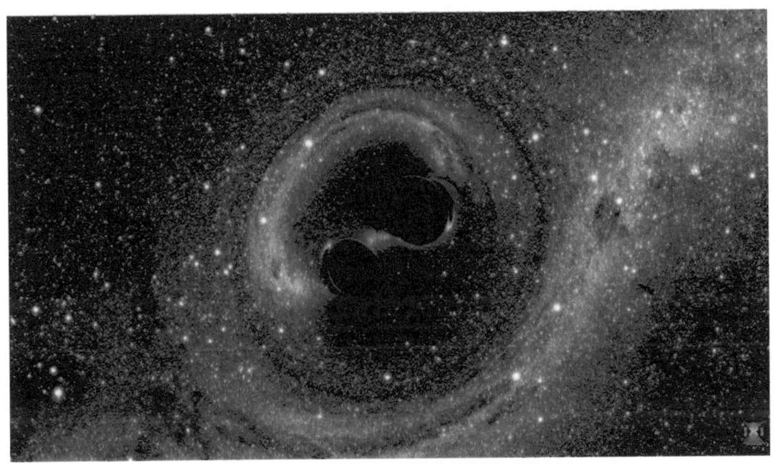

Enter Caption

"20 சூரிய நிறையை விட பெரிய நட்சத்திர-நிறைக் கருந்துளைகள் இருப்பதை விஞ்ஞானிகள் இந்த அவதானிப்புகள் மூலம் உறுதிப்படுத்தியுள்ளனர். LIGO இன் அவதானிப்புகள் ஒரு கருந்துளை சுழலும் திசையைப் பற்றிய ஆழ்ந்த விளக்கங்களையும் வழங்குகிறது. இரண்டு கருந்துளைகள் ஒன்றையொன்றை சுற்றிலும், அவை ஒரே திசையிலோ அல்லது எதிர் திசையிலோ சுழலக்கூடும். இரட்டைக் கருந்துளைகள் எவ்வாறு உருவாகின்றன என்பதற்கு இரண்டு கோட்பாடுகள் உள்ளன. முதலாவது இரண்டு கருந்துளைகள் ஒரு இரட்டை வடிவத்தில் ஒரே நேரத்தில், இரண்டு நட்சத்திரங்களிலிருந்து ஒன்றாகப் பிறந்து ஒரே நேரத்தில் வெடித்து இறந்திருக்கும். அத்தகைய துணை நட்சத்திரங்கள் ஒன்றோடொன்று ஒரே மாதிரியான சுழல் நோக்குநிலையைக் கொண்டிருந்திருக்கும். எனவே எஞ்சியிருக்கும் இரண்டு கருந்துளைகளும் அப்படியே இருக்கும்.

இரண்டாவது மாதிரியின் கீழ், ஒரு நட்சத்திரக் கொத்திலுள்ள கருந்துளைகள் கொத்து மையத்தில் ஒன்றிணைகின்றன என்று தெரியவருகிறது. இந்த நட்சத்திர இணைகள் ஒன்றோடொன்று ஒப்பிடும்போது சீரற்ற சுழல் நோக்குநிலைகளைக் கொண்டிருக்கும். இவ்வகையிலான உருவாக்கக் கோட்பாட்டிற்கு வலுவான சான்றுகளை வழங்கும் விதமாக LIGO இன் அவதானிப்புகள் வெவ்வேறு சுழல் நோக்குநிலைகளைக் கொண்ட துணைக் கருந்துளைகளைக் கண்டறிந்துள்ளது

அளவில் சிறிய நட்சத்திரக் கருந்துளைகள்

ஒரு நட்சத்திரத்தின் எரிபொருள் தீர்ந்து விட்டபோது அது உருக்குலையலாம் . அல்லது அந்நட்சத்திரத்திம் தனக்குள்ளேயே சரிந்து விழலாம். சிறிய நட்சத்திரங்களுக்கு (சூரியனின் நிறையிலிருந்து மூன்று மடங்கு வரை), புதிய மையமானது நியூட்ரான் நட்சத்திரமாக அல்லது வெள்ளை குள்ளனாக மாறும். ஆனால் ஒரு பெரிய நட்சத்திரம் உருக்குலைந்தால், அது தொடர்ந்து சுருங்கி ஒரு நட்சத்திரக் கருந்துளையை உருவாக்குகிறது.

தனிப்பட்ட நட்சத்திரங்களின் உருக்குலைவால் உருவாகும் கருந்துளைகள் ஒப்பீட்டளவில் சிறியவை. ஆனால் நம்பமுடியாத அளவிற்கு அடர்த்தியானவை. இவ்வாறான கருந்துளைகளின் நிறையானது ஒரு சூரியனின் நிறையை விட மூன்று மடங்குக்கும் மேலாக இருந்தாலும் அதன் குறுக்களவு ஒரு பெருநகரத்தின் குறுக்களவிற்குச் சமமாகவே உள்ளது. இத்தகைய மாற்றம் அதீத ஈர்ப்பு விசையைக் கொண்டு கருந்துளையைச் சுற்றியுள்ள பொருள்களை இழுக்க வழிவகுக்கிறது. நட்சத்திரக் கருந்துளைகள் பின்னர் அவற்றைச் சுற்றியுள்ள விண்மீன் திரள்களிலிருந்து வரும் தூசி மற்றும் வாயுவை உள்ளிழுத்துக் கொள்கின்றன. அவை அவற்றின் அளவை வளர வைக்கின்றன. ஹார்வர்ட்-ஸ்மித்சோனியன் வானியற்பியல் மையத்தின் கூற்றுப்படி, பால்வீதியில் சில நூறு மில்லியன் நட்சத்திரக் கருந்துளைகள் உள்ளன என்று தெரியவருகிறது.

5

பொருண்மையீர்ப்பு அலைகளைப் பற்றிய கண்டுபிடிப்பை வைத்து ஒரு வெண்பா!

சொற்பிழை பொருட்பிழை யிருப்பினும் பொறுத்தருளிக் கோடி காட்டுக! தளை தட்டினாலும் தலை தட்டாமல் கூறுக!

ஈரேழ் உலகைச் சூலகத்தில் இட்டவள்
சீராய் விரித்த வியன்செயல் ஓதுவோம்
கூராய் குறுக்கி, பலகணியில் நோக்கிலும் (அதன்)
தீரா அழகே/அறிவே சிறப்பு

[இரண்யகர்ப்பம் போன்ற பேரண்டம் வெடித்து வந்ததை, தெரிந்தவற்றைக் கொண்டுக் காணும் போதும், அதன் அழகு பீடுடையது.]

ஏந்திழையின்பொன்சூல் வெடித்தே விரிய
இழையெங்கும் சூழ்கொண் டுழன்றுப் பொடிக்க
மழையாய், களிகொண்டத் தூள்கூடி கூட்டுத்தூள்
விசைபெற்றே ஆன தணு!

[பெருவெடிப்பு சூல் கொண்டு வெடித்தப்பின்பு, ஆற்றல் இழைவடிவாக இருந்து, அதனின்று மென் துகள்கள், அதனின்று வன் துகள்கள், அணுவும் உண்டானது]

அணுக்கள் அணுக்கமாகி ஈங்குப் பொருளமைய

ஆழியது வெந்தது போல் கோளமெங்கும் விரிய
இணுங்கிய தூள்கூடி விண்மீனாய் ஆகியே
ஈன்றவே தீப்பிழம்(பு) உலகு.

[அணுக்கள் கூடி ஒளிப்பிழம்பாகப் பொருளாகவும், அவை கூடி விண்மீன் உண்டானது]

விண்மீன் உமிழ்ந்த ஒளிவெளி செல்ல
விழுகூன் கிழமீன் உளதில் இடுங்கிட
வில்லதின் நாண்போல் அழுத்தும் இழுவிசையின்
வன்மை சமன்செய் அடர்வு.

[அப்படிக் கூடிய விண்மீன் கிழப்பருவமெய்தி இறக்கத் தலைப்படும் பொழுது, அதன் கதிர்வீச்சு அமர்ந்து உள்ளுக்குள் ஈர்ப்பு அதிகமாகி அடர்த்தி அதிகமாகும்]

விதைத்தாள் அன்னை, துயில்விப்பான் பிறைசூடி (இவ்வண்ணம்)
விண்மீன் இயக்கம் வியனுறு வல்வித்தை
விரித்துரைத்த சந்திர சேகரன் பாடியதே
விண்மீனின் மீளாத் துயில்.

[சக்திப் படைத்ததை, சிவம் அழிப்பது போல், சந்திர சேகரின் விண்மீன் அழியும் காலம் சொன்னார்]

துயின்றமீன் உண்ணும் பசிமட்டும் ஆறாதே
எயின்று சுழற்றி வளைத்தே அருந்தும்
அருந்தவசி கொள்ளும் அருளொளி போல
வெறுமிடஞ்செய் கார்துளை இயல்பு.

[விண்மீன் இறந்து கருந்துளையாக, சுற்றி இருப்பவறறை விழுங்கிவிடும்]

களவாடும் கார்வண்ணன் பொன்வெண்ணெய் கொண்டதேபோல்
நலமோடு வெள்ளிசிந்தும் சீரொளியை விள்ளுமது
பலமோடு உள்ளிழுத்தே சேர அதன்பால்
விளமற்றே விழும் ஒளி.

[வெண்ணெயால் கவரப்பட்ட கண்ணன் போல், ஒளி முதற்கொண்டு விழுங்கும்]

அஃதோடு நிற்பதில்லை
சிந்திய மீன்களெல்லாம், நேரவெளிப் போர்வையில்.
சீந்தில் கொடிகொள் வேலியன்ன கார்துளையும்.
வீழ்ந்ததும் கூடிட வீரியம் ஏறிடும்
சந்ததமும் கூடும் நிறை

[அனைத்தும் நேர வெளிதனில் இருக்க, கருந்துளையின் அண்மையில் இருப்பவற்றை இழுத்து, அதன் நிறை அதிகமாகும்]

கந்தலாகும் காலவெளி, கார்துளையின் மீநிறையால்
பந்தல் தோரணம் தென்றலுடன் இசைவதுபோல்
வந்தவை சூழ்ந்தோட வெளியில் அலையடிக்கும்
சேந்தசிவை வேய்குழல் போல்.
மரிக்காதக் கடலலையாய், இடித்த கணந்தாண்டி
மாயை சுமந்தே அகண்டம் திரிந்து
மயங்கா வியற்கைப் புலவர் படித்த
மலராக் கொடிப்பூத்த மலர்.

[கருந்துளை நேரவெளி அமைப்பை துளையிடும், அதன் இயக்கம் அனைத்தும் நேரவெளி அமைப்பில் அலைகளை உண்டு பண்ணும்]

லீகோ செங்கல் அடுக்கி ஓரியல்பு
நீளொளிக் கொண்டுக் குறுக்கிடச் செய்ய
வீழ்ந்தமலர் ஓர்முத்தோன் (Einstein) கற்பனையின் ஈற்றுண்மை
இன்னும் அறிவோம் சிறப்பு!
ஓர்முத்தோன் விட்டெறிந்த வித்துகளில் ஓர்முத்து
ஓர்ந்திரு ஆய்வர் அலமாந்து அயர்வாய்
ஆடிய லீகோவில் சிக்கும் அலையது
உள்ளங்கை நெல்லிக் கனி.

[ஐன்ஸ்டைனின் சார்புக் கொள்கையினால் உண்டான ஈர்ப்புவிசையின் அளவு லீகோ அறிவியற் கூட்டமைப்பின், லேசர் குறுக்கீட்டுவிளைவின் வழியாக உணரப்பட்டது! ஓர்-முத்து என்பது Einstein-நின் தனித்தமிழ் சேட்டை!]

6

மீக்கருந்துளைகள்

ஐன்ஸ்டீனின் பொது சார்பியல் கோட்பாட்டால் கணிக்கப்பட்ட மீக்கருந்துளைகள், பில்லியன் கணக்கான சூரியன்களுக்கு சமமான நிறைகளைக் கொண்டிருக்கலாம். இந்த மீக்கருந்துளைகள் பெரும்பாலான விண்மீன் திரள்களின் மையங்களில் இருக்கக்கக்கூடும். பால்வீதியின் மையத்தில் உள்ள தனுசு ஏ * என்று அழைக்கப்படும் அதன் மீக்கருந்துளை, நமது சூரியனை விட நான்கு மில்லியன் மடங்கு பெரியது. 1971 ஆம் ஆண்டில், ஆங்கில வானியலாளர்களான டொனால்ட் லிண்டன்-பெல் மற்றும் மார்ட்டின் ரீஸ் ஆகியோர் நமது பால்வெளி அண்டத்தின் மையத்தில் ஒரு மீக்கருந்துளை (SMBH) இருக்கலாம் என்று கருதினர். இது ரேடியோ விண்மீன் திரள்களுடனான அவர்களின் ஆய்வு வேலையை அடிப்படையாகக் கொண்டது. 1974 ஆம் ஆண்டுவாக்கில், நமது பால்வெளி அண்டத்தின் மையத்திலிருந்து வரும் ஒரு பெரிய ரேடியோ அலைமூலத்தை வானியலாளர்கள் கண்டறிந்தபோது இந்த மீக்கருந்துளைகளின் இருப்புக்கான முதல் ஆதாரம் கண்டறியப்பட்டது. அவர்கள் தனுசு ஏ * என்று பெயரிட்ட மீக்கருந்துளை, நமது சூரியனை விட 10 மில்லியன் மடங்கு பெரியது. வானியல் அறிஞர்கள் பிரபஞ்சத்தில் பெரும்பாலான சுழல் மற்றும் நீள்வட்ட விண்மீன் திரள்களின் மையங்களில் மீக்கருந்துளைகள் இருப்பதற்கான ஆதாரங்களைக் கண்டறிந்துள்ளனர். மீக்கருந்துளைகள் (சூப்பர்மாசிவ் கருந்துளைகள்) பல வழிகளில், குறைந்த நிறையுடைய கருந்துளைகளிலிருந்து வேறுபடுகின்றன. மீக்கருந்துளைகள் சிறிய கருந்துளைகளை விட அதிக நிறையைக் கொண்டிருந்தாலும், அவை குறைந்த சராசரி அடர்த்தியைக் கொண்டுள்ளன. பெயர் குறிப்பிடுவதுபோல், மீக்கருந்துளைகள் (சூப்பர்மாசிவ் கருந்துளைகள்) ஒரு பொதுவான நட்சத்திரக் கருந்துளையை விட ஒரு மில்லியன் அல்லது பில்லியன் அளவிற்கும் அதிகமான நிறையைக் கொண்டிருக்கும். இதுவரை விண்வெளியில் உறுதிப்படுத்தப்பட்ட மீக்கருந்துளைகள்

ஒரு சில எண்ணிக்கையில் மட்டுமே உள்ளன (பெரும்பாலானவை அவதானிக்க முடியாத அளவிற்குத் தொலைவில் உள்ளன). அவை நமது சொந்த விண்மீன் திரளின் மையமான பால்வீதி உட்பட, மிகப் பெரிய விண்மீன் திரள்களின் மையத்தில் இருப்பதாகக் கருதப்படுகிறது. அளவில் சிறிய கருந்துளைகள் பிரபஞ்சத்தில் வெகுவாக ஆக்கிரமித்துள்ளன. எனினும் மீக்கருந்துளைகள் பிரபஞ்சத்தில் ஆதிக்கம் செலுத்துகின்றன. பல ஆண்டுகளாக, வானியலாளர்கள் மீக்கருந்துளைகளுக்கு மறைமுக ஆதாரங்களை மட்டுமே கொண்டிருந்தனர். அவற்றில் மிக முக்கியமானது தொலைவில் உள்ள விண்மீன் திரள்களில் குவாசர்கள் இருப்பதுதான். குவாசர்களின் ஆற்றல் வெளியீடு மற்றும் மாறுபடும் நேர அளவீடுகளின் அவதானிப்புகள், அவை நமது சூரியனை விட ஒரு டிரில்லியன் மடங்கு அதிகமான ஆற்றலை வெளிப்படுத்துகின்றன என்பதைத் தெரிவிக்கின்றன. குவாசர்களில் இத்தகைய மகத்தான ஆற்றலை உற்பத்தி செய்யக்கூடிய ஒரே வழிமுறை, ஈர்ப்பு சக்தியை ஒரு பெரிய கருந்துளை மூலம் ஒளியாக மாற்றுவதாகும். மிக அண்மையில், மீக்கருந்துளைகள் இருப்பதற்கான நேரடிச் சான்றுகள் விண்மீன் திரள்களின் மையங்களைச் சுற்றிவரும் பொருள்களின் அவதானிப்புகளிலிருந்து வந்தன. நட்சத்திரங்கள் ஒரு சிறிய இடத்திற்குள் இருக்கும் ஒரு வலுவான ஈர்ப்பு விசையுடன் கூடிய ஒரு பொருளால் வேகப்படுத்தப்பட்டால் அவை மீக்கருந்துளையாக மாறுகின்றன. இந்த மீக்கருந்துளைகள் எவ்வாறு உருவாகின்றன என்பதை வானியலாளர்கள் இன்னும் உறுதியாகப் புரிந்துகொள்ளவில்லை. அதிக நிறை கொண்ட நட்சத்திரங்களின் ஈர்ப்பின் உருக்குலைதல் விளைவாக நட்சத்திரக் கருந்துளைகள் உருவாகின்றன. மேலும் விண்மீன் உருவாவதற்கான ஆரம்பக் கட்டங்களில், வாயுவின் மேகங்களின் உருக்குலைவிலிருந்து மீக்கருந்துளைகள் உருவாகின்றன என்று சிலர் கருத்து தெரிவித்துள்ளனர். மேலும் சிலர் முன்வைக்கும் யோசனைகளில் முதன்மையானது, ஒரு நட்சத்திரப் கருந்துளை மில்லியன் கணக்கான ஆண்டுகளில் ஏராளமான பருப்பொருட்களை உட்கொள்கிறது. இதன் காரணமாக இவை மிகப்பெரிய கருந்துளை விகிதாச்சாரத்திற்கு வளர்கிறது என்பதாகும். இன்னொரு யோசனை , நட்சத்திரக் கருந்துளைகளின் ஒரு கொத்து உருவாகி இறுதியில் ஒரு மீக்கருந்துளையில் ஒன்றிணைகிறது என்பதாகும் .

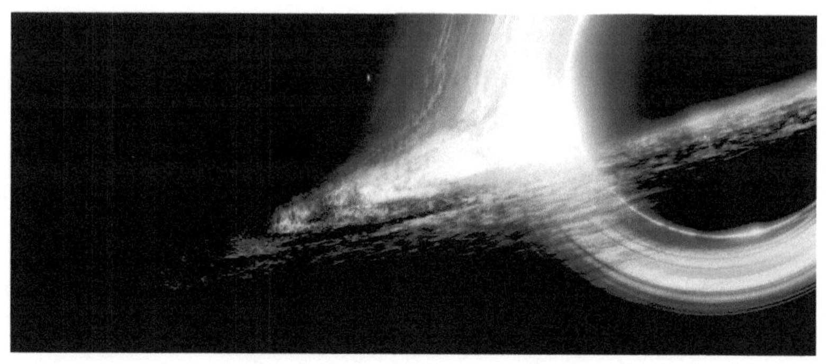

படம்: மீக்கருந்துளை - இன்டர்ஸ்டெல்லார் திரைப்படம்

இவ்வளவு பெரிய கருந்துளைகள் எவ்வாறு உருவாகின்றன என்பது விஞ்ஞானிகளுக்குத் துல்லிதமாகத் தெரியவில்லை. இந்த மீக்கருந்துளைகள் உருவாகியவுடன், அவை சுற்றியுள்ள தூசி மற்றும் வாயுவிலிருந்து நிறைகளைச் சேர்க்கின்றன. இவ்வாறான வாயுக்களும், தூசுகளும் விண்மீன் திரள்களின் மையத்தில் ஏராளமாக உள்ளன. மேலும் இவ்வாறான நிறை சேர்தல் இன்னும் பெரிய அளவுகளில் மீக்கருந்துளைகள் வளர அனுமதிக்கின்றன.

இன்னொரு யோசனை என்னவெனில், மீக்கருந்துளைகள் என்பவை நூற்றுக்கணக்கான அல்லது ஆயிரக்கணக்கான சிறிய கருந்துளைகளின் ஒன்றிணைந்த கொத்து விளைவாக இருக்கலாம். அல்லது அவற்றின் தோற்றத்திற்குப் பெரிய வாயு மேகங்களோ கூட காரணமாக இருக்கலாம். அவை ஒன்றாக சேர்ந்து விரைவாக நிறையை அதிகரிக்கும். நட்சத்திரக் குழுக்கள் மொத்தமாக உருக்குலையும் போது இவ்வாறான மீக்கருந்துளைகள் உருவாகியிருக்கலாம் என்று அந்த யோசனை தெரிவிக்கிறது. நான்காவதாக, இருள் பொருளின் பெரிய கொத்துக்களிலிருந்து மீக்கருந்துளைகள் உருவாகியிருக்கக்கூடும் என்று நம்பப்படுகிறது. மீக்கருந்துளைகள் இருள் பொருள்களின் விளைவாக இருக்கலாம் என சில ஆய்வுகள் தெரிவிக்கின்றன.

ஆயினும் மீக்கருந்துளைகள் எவ்வாறு இருள் பொருட்களின் விளைவாக உருவாகியிருக்கக்கூடும் என்பது புதிராகவே உள்ளது. மேலும் இவ்வகையான ஆய்வுத் தகவல்கள் மீக்கருந்துளைகள் உருவாக்கத்தில் சமன்பாடுகளைப் புரிந்து கொள்வதில் சிக்கலை அதிகரிக்கிறது. காரணம் என்னவெனில் இருள் பொருட்கள் எளிதாக பருப்பொருளுடனோ அல்லது ஒளியுடனோ எந்தவிதமான பரிமாற்றமும் நடத்துவதில்லை. பால்வீதியின் மையத்தின், நடுவில் அமைந்துள்ள தனுசு A *

(Sgr A *) என்ற மீக்கருந்துளை இந்த படங்களில் வெளிப்படுகிறது. வானியலாளர்கள் நாசாவின் சந்திரா எக்ஸ்ரே ஆய்வுக்கலத்தைப் பயன்படுத்தி, தனுசு ஏ * ஐ ஆய்வு செய்தனர்.

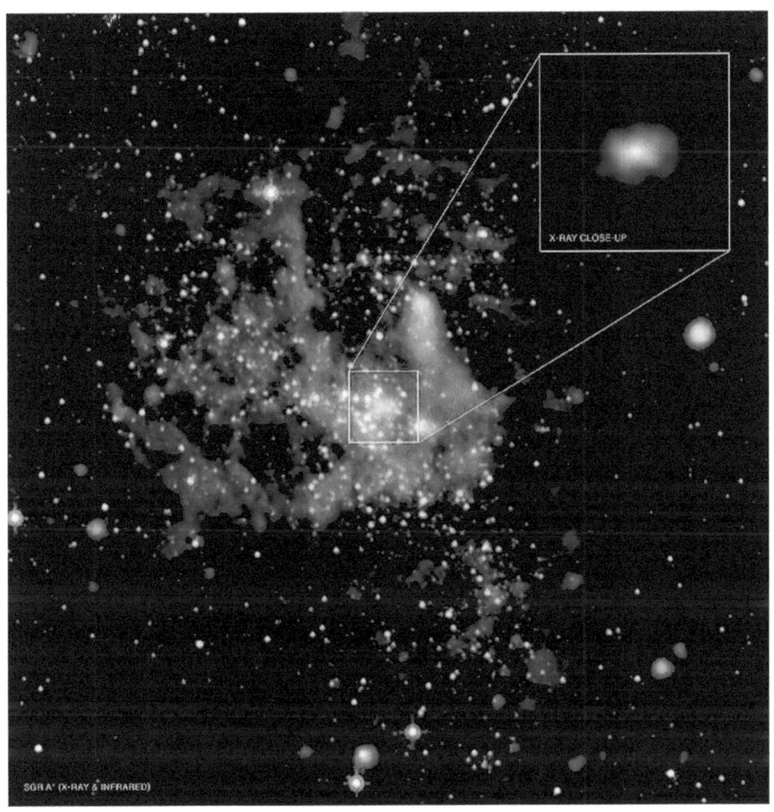

சந்திரா எக்ஸ் தொலைநோக்கியிலிருந்து எக்ஸ்-கதிர்கள்

இங்கு உள்ள பெரிதாக்கப்பட்ட படத்தில் சந்திரா எக்ஸ் தொலைநோக்கியிலிருந்து எக்ஸ்-கதிர்கள் நீல நிறத்திலும், மற்றும் ஹப்பிள் விண்வெளித் தொலைநோக்கியிலிருந்து பெறப்பட்ட சிவப்பு மற்றும் மஞ்சள் நிறத்தில் உள்ள அகச்சிவப்பு உமிழ்வுகளும் காணக்கிடைக்கின்றன. எக்ஸ்-கதிர்களில் மட்டுமே தனுசு ஏ * இன் நெருக்கமான காட்சியைக் காட்டுகிறது. இது அரை ஒளி ஆண்டு அகலமுள்ள ஒரு பகுதியை உள்ளடக்கியது. விண்வெளியில் பரவக்கூடிய எக்ஸ்ரே உமிழ்வு என்பது கருந்துளையால் அதன் உள்ளே கைப்பற்றப்பட்ட வாயுக்க-

ளிலிருந்து வெளியேற்றப்படுகிறது. கருந்துளைகளைச் சுற்றியுள்ள வட்டு வடிவ அமைப்பில் உருவாகும் துகள்களிலிருந்து இந்த சூடான வாயு உருவாகிறது. இந்த புதிய கண்டுபிடிப்புகள் சந்திரா எக்ஸ் தொலைநோக்கி இதுவரை நிகழ்த்திய மிகப்பெரிய கண்காணிப்பின் விளைவாகும். இவ்வாறு கண்டறியப்பட்டுள்ளது சூரியனின் நிறையைப்போல 4 மில்லியன் மடங்கு கொண்ட ஒரு மீக்கருந்துளையாகும். பூமியிலிருந்து வெறும் 26,000 ஒளி ஆண்டுகளில் உள்ள தனுசு ஏ * என்பது பிரபஞ்சத்தின் மிகக் குறைந்த தொலைவில் உள்ள கருந்துளைகளில் ஒன்றாகும். கருந்துளைகளை படம் எடுக்கும் போது Accretion disk எனப்படும் திரட்டல் வட்டு வாயிலாக அதன் அருகிலுள்ள பொருளின் ஓட்டத்தை நாம் காண முடியும். பொருளானது கருந்துளைக்குள் மூழ்குவதற்கு முன் அதன் வெப்பத்தையும், கோண திசைவேகத்தையும் இழக்கும். தனுசு ஏ* இன் நிகழ்வெல்லையால் அனுப்பப்பட்ட "நிழலை" அவதானிக்கவும், புரிந்துகொள்ளவும் ரேடியோ தொலைநோக்கிகள் பயன்படுத்தப்படுகின்றன. இயக்கத்தில் உள்ள பிரகாசமான விண்மீன் திரள்கள் அவற்றின் மையங்களில் இருக்கும் மீக்கருந்துளைகளால் இயக்கப்படுகின்றன. ஆனால் அந்த மாபெரும் கருந்துளைகளின் தோற்றத்தை கண்டுபிடிப்பது வானியலாளர்களுக்கு சவாலாக உள்ளது. இந்த மீக்கருந்துளைகள் சராசரிக் கருந்துளைகளை விடவும் பெரியதாகத் தமது இயக்கத்தைத் தொடங்கியிருக்க வேண்டும். பிரபஞ்சத்தின் மீக்கருந்துளைகளுக்கு ஆரம்பம் என்னவென்று ஆய்வாளர்களுக்குச் சரிவரத் தெரியவில்லை.

மீக்கருந்துளைகள் முதல் தலைமுறை நட்சத்திரங்களுடன் அண்டத்தில் தோன்றத் தொடங்கின. இந்த நட்சத்திரங்கள், தூய ஹைட்ரஜன் மற்றும் ஹீலியத்தால் ஆனவை (ஏனென்றால் அப்போது கனமான மூலக்கூறுகள் எதுவும் தோன்றவில்லை). அத்தகைய நட்சத்திரங்கள் சூரியனின் நிறைய விட நூறு மடங்கு அதிகமாக இருக்கலாம். அவற்றின் ஆயுட்காலம் வெகு குறைவாகவே இருந்தது. அவை வேகமாக வளர்ந்து மற்றும் சூப்பர்நோவா வெடிப்பின் விளைவாக வெகு விரைவாக இறந்திருக்கக்கூடும். முதல் மற்றும் மிகப்பெரிய கருந்துளைகள் ஒருபோதும் நட்சத்திரங்களாக இருந்திருக்கவில்லை. அதற்கு பதிலாக, வாயுக்கள் நிலையற்றதாக உருக்குலைந்த போது இதுபோன்ற மீக்கருந்துளைகள் உருவாகியிருக்கலாம் எனக் கருதப்படுகிறது. பிரபஞ்ச வரலாற்றில் மிகப் பெரிய கருந்துளைகள் ஏன் ஆரம்பத்தில் தோன்றின என்பதை இவ்விளக்கம் தெளிவுபடுத்துகிறது. ஒரு மீக்கருந்துளையின் நிகழ்வெல்லையில் அதனால் ஈர்க்கப்பட்ட வாயு அனைத்தும் சுருங்குவதால், அவை மில்லியன் டிகிரி வரை வெப்பமடைகிறது. அந்த சூடான வாயு எக்ஸ்-கதிர்களை மிகவும் பிரகாசமாக வெளியிடுகிறது, அவை பில்லியன் கணக்கான ஒளி ஆண்டுகள் தூரங்களிலிருந்தும் காணப்படுகின்றன. ஆகவே, வானத்தில் எக்ஸ்-கதிர்களின் ஒரு மாபெரும், ஒளிரும் மூலத்-

தைக் காணும்போது, டிரில்லியன் கணக்கான டன் வாயு கருந்துளையில் விழுகிறது என்பதை நாம் உணர்ந்துகொள்கிறோம் .

7

கருந்துளைக்கு உள்ளே ?

இந்த பகுதியில் ஒரு நிலையான கருந்துளைக்குள் விழும் ஒரு பொருளுக்கு என்ன நிகழும் என்பதைக் காணலாம். ஒரு நிலையான கருந்துளை ஒரு குறிப்பிட்ட இடத்தில் இருப்பதாகக் கருதலாம் . இரண்டு விண்வெளி ஆய்வாளர்களை இங்கு நாம் உதாரணத்திற்கு எடுத்துக் கொள்வோம். அவர்கள் இருவரும் தனித்தனி விண்வெளிக் கப்பலில் பயணம் செய்கின்றனர். ஒருவர் கருந்துளைக்குள் விழ எத்தனிக்கிறார். மற்றொருவர் அவரை வெளியிலிருந்து பார்க்க இருக்கிறார். இதுதான் நாம் ஆராய இருக்கும் சோதனை. விண்வெளி ஓடத்தில் இரு வீரர்கள் பயணிக்கின்ற வீரர்களில் ஒருவர் சுஜாதா. மற்றொருவர் ராஜேஷ் என்று வைத்துக்கொள்ளலாம். இவர்களில் ராஜேஷ் கருந்துளைக்குள் செல்ல இருக்கிறார். சுஜாதா அவரை வெளியிலிருந்து காண இருக்கிறார். இந்த சூழலைக் கீழ்காணும் படத்தின் மூலம் காணலாம்.

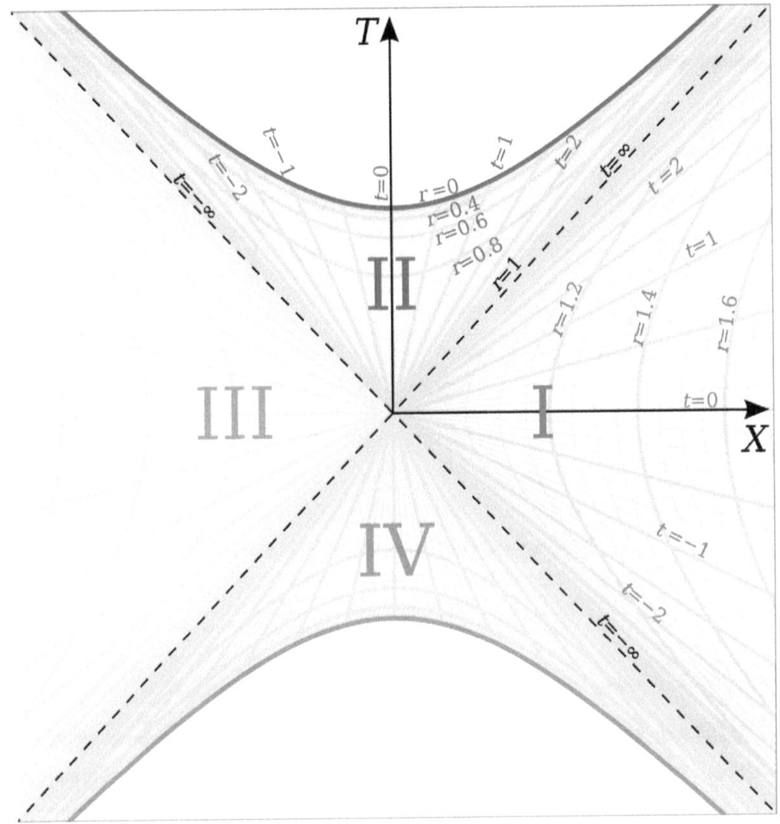

படம் க்ரூஸ்கல் அச்சு

இந்த படத்தைச் சற்று புரிந்து கொள்ளலாம். இந்த படமானது க்ரூஸ்கல் படம் என அழைக்கப்படுகிறது. இந்த படத்தில் ஒளியானது 45 டிகிரி கோணத்தில் செல்வதாகப் புரிந்துகொள்ளலாம். கிடைமட்ட அச்சை வெளி எனவும், செங்குத்து அச்சைக் காலம் எனவும் கணக்கில் எடுத்துக்கொள்ளலாம். இந்த பரவளையத்தில் நிலையான புள்ளிகளாக இருப்பவை, நிலையான திசைவேகம் கொண்ட சுற்று-வட்டப் பாதைகள் என எடுத்துக்கொள்ளலாம். இந்த இயக்கத்தை அல்லது வரை-படத்தை ஒளிக்கூம்பு (Light Cone) என அளவிடலாம்.

இவ்வகையில் இந்த வரைபடத்தில் முதல் பகுதி நாம் வாழும் உலகம் எனவும், இரண்டாவது பகுதி கருந்துளை எனவும், மூன்று மற்றும் நான்காவது பகுதிகள்

அளவிடமுடியாத பகுதிகள் எனவும் வரையறுக்கலாம். இவற்றில் முதல் பகுதியான நாம் வாழும் உலகத்தில் இருந்து புறப்பட்டு ராஜேஷ் கருந்துளைக்குள் செல்கிறார். அவரை சுஜாதா சற்றுத் தொலைவில் வெளியிலிருந்து பார்க்கிறார்.

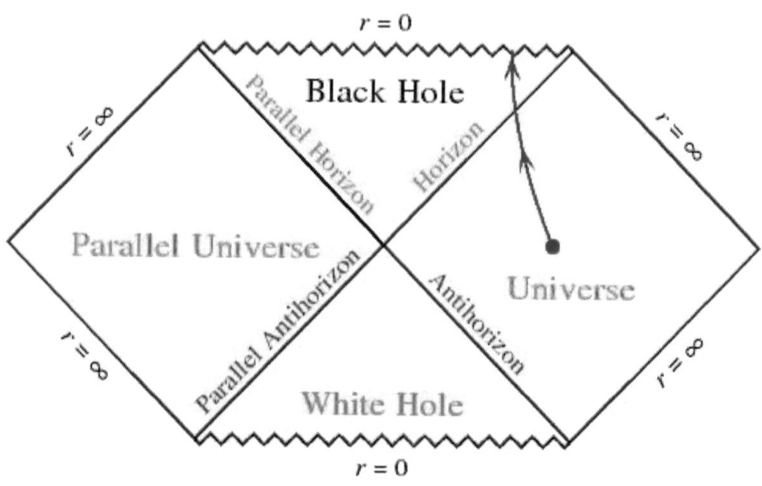

ராஜேஷின் பாதை

தற்போது ராஜேஷின் பாதை காட்டப்பட்டுள்ளது. சுஜாதா அவரை தூரத்திலிருந்து பார்க்கிறார். உண்மையில் கருந்துளைக்குள் விழும்போது ராஜேஷுக்கு என்ன விதமான நிகழ்வுகள் ஏற்படுமெனில் ராஜேஷின் அச்சில் காலமானது மெதுவாக இயங்க ஆரம்பிக்கிறது. எனவே அவரது இதயத்துடிப்பு குறையும். அவர் மெதுவாக இயங்க ஆரம்பிப்பார். அவரை தொலைவிலிருந்து நோக்கும் சுஜாதாவுக்கும் ராஜேஷ் மெதுவாக இயங்குவது தெரியும். அவ்வாறெனில் சுஜாதா தொடர்ச்சியாக ராஜேஷைப் பார்த்துக்கொண்டே இருப்பாரா என்றால், அதுதான் இல்லை. சுஜாதா இயங்குவது அவரது அச்சிற்கான காலத்தில் (coordinate time). ஆனால் ராஜேஷ் இயங்குவது உண்மையான காலத்தில் (proper time). எனவே ஒரு முடிவுறா காலத்தில் மட்டுமே சுஜாதாவால் உள்ளே விழுந்த ராஜேஷைக் காணமுடியும். காலத்தின் முடிவுறாத் தன்மை என்பது இங்கு சாத்தியமே இல்லை. ஆனால் இதற்கு மாறாக கருந்துளைக்குள் உள்ளேவிழும் ராஜேஷ் எப்போதும் சுஜாதாவைப் பார்த்துக் கொண்டே இருப்பார். சுஜாதா அவரை விட்டு விலகிச் செல்வது ராஜேஷுக்கு எப்போதும் காட்சியாகக் காணக் கிடைக்கும். ராஜேஷுக்கு சுஜாதாவிடம் இருந்து வரும் ஒளியானது சற்று அலைநீளம் நீடித்துக்

காணப்பட்டாலும், எப்போதுமே சுஜாதாவின் காட்சி ராஜேஷுக்கு காணக்கிடைக்கும். காரணம் என்னவெனில் சுஜாதா இயங்குவது நிலையான வேகம் கொண்ட சுற்றுவட்டப்பாதையில். மற்றொருபுறம் ராஜேஷ் உள்ளே விழுந்ததும் ஆரம் சுழியம் ஆன (r=0) ஓர்மைப் புள்ளியைச் சந்திக்கிறார். அதன் பிறகு அவர் கருந்துளையை விட்டு வெளியே வர சாத்தியமே இல்லை. நிலையான கருந்துளையாக இருக்கும்பட்சத்தில் ராஜேஷும் நிலையான அச்சில் இயங்கிய பட்சத்தில் கருந்துளை அவரை வேகமாக உள்ளே இழுக்கிறது. (முடுக்கப்பட்ட அச்சில் இயங்கியவருக்கு கருந்துளையின் உள்ளே என்ன நிகழும் என அடுத்த அத்தியாயத்தில் பார்க்கலாம்). இங்கு கருந்துளையின் ஈர்ப்பு விசையினால் ராஜேஷ் பாதிக்கப்படுகிறார். இந்த இயக்கத்தில் எதிர்காலத்தில் அவர் நிச்சயமாகக் கருந்துளையின் மூல ஓர்மைப்புள்ளியைச் சந்திக்கும் நிகழ்வு நிச்சயம் நடைபெறும். அந்தப் புள்ளிக்கு பிறகு அவர் காணப்படக்கூடிய ஒரு கட்டமைப்பாக இருப்பதற்கு வாய்ப்பே இல்லை. அவரும் அவரைச் சேர்ந்த விண்வெளி கப்பலும் சிறு சிறு பகுதிகளாக கிழித்தெறியப் பட்டு ஓர்மைப் புள்ளிக்குள் சென்றுவிடும். இதற்குக் காரணம் அங்கு இருக்கும் முடிவிலா ஈர்ப்பு விசையே ஆகும்.

இயற்பியல் விதிகளும் கருந்துளையின் உட்புறமும்

ஒரு கருந்துளைக்குள் யாரேனும் ஒருவர் விழுந்தார் என்றால் அவர், உடனடியாக இறந்துவிடுவீர்கள் என்று படித்திருக்கலாம். ஆனால் உண்மையில் இயற்பியல் விதிகள் வேறுவிதமாகச் செயல்படக்கூடும் என்று சில ஆய்வுகள் தெரிவிக்கின்றன.

கருந்துளைக்குள் விழும்போது என்ன நடக்கும்

கருந்துளைகளைப் பற்றித் தெரிந்துகொள்ள ஆரம்பிக்கையில் சிறு குழந்தை முதல் பெரியவர் வரை அனைவரும் எழுப்பும் கேள்வி, ஒரு கருந்துளைக்குள் விழும்போது என்ன நடக்கும்? என்பதே.

ஒருவேளை கருந்துளைக்குள் நீங்கள் விழுந்தால் நீங்கள் நசுக்கப்படுவீர்கள் என்று நினைத்திருக்கலா. அல்லது துண்டு துண்டுகளாக நீங்கள் செல்லும் விண்-வெளிக்கப்பல் கிழிக்கப்படக் கூடும் என கணித்திருக்கிலாம். ஆனால் இயற்பியல் விதிகள. அதை விட வித்தியாசமாகச் செல்படுகிறது . நீங்கள் கருந்துளைக்குள் விழும் அந்த கணமானது இரண்டு விதமான நிகழ்தகவுகளைக் கொண்டிருக்கும். நிகழ்தகவுகளில் ஒன்றில், நீங்கள் உடனடியாக எரிக்கப்படுவீர்கள். மற்றொன்றில் நீங்கள் கருந்துளைக்குள் எந்த பாதிப்பும் இல்லாமல் மூழ்கிவிடுவீர்கள்.கருந்துளை என்பது இயற்பியலின் தேர்ந்த விதிகள் கூட உடைந்துபோகும் இடமாகும். கால-வெளியின் வளைவே ஈர்ப்பாக ஏற்படுகிறது என்று ஐன்ஸ்டீன் நமக்குக் கற்பித்தார். எனவே ஒரு அடர்த்தியான பொருளால், காலவெளி மிகவும் வளைக்கப்படலாம். கருந்துளை அத்தகைய அடர்த்தியான பொருளேயாகும்.

எரிபொருளை இழந்த ஒரு நட்சத்திரம், அதன் சொந்த நிறையின் காரணமாக ஈர்ப்பினால் வளைந்து, உள்நோக்கி உருக்குலைகிறது. இதன் காரணமாக ஈர்ப்பு புலம் மிகவும் வலுவாகி, ஒளி கூட தப்பிக்க முடியாத அளவில் அதே நட்சத்திரம் மிகுந்த ஈர்ப்பு கொண்டதாக, கருந்துளையாகி விடுகிறது. கருந்துளைக்குள் ஆழமாகச் செல்லச்செல்ல, வெளி இன்னும் வளைந்து போகிறது. கருந்துளையின் வெளிப்புற எல்லை அதன் நிகழ்வெல்லை என வரையறுக்கப்படுகிறது. இவ்வெல்லையைக் கடந்து நெருக்கமாகச் சென்றால் கருந்துளையிலிருந்து தப்பிக்க முடியாது. நிகழ்வெல்லை தான் கருந்துளையின் எல்லை என்று சொல்லியிருந்தோம் அல்லவா. அது ஆற்றலுடன் எரிகிறது என சில தத்துவங்கள் விளக்குகிறது. கருந்துளையின் விளிம்பில் உள்ள குவாண்டம் விளைவுகள் சூடான துகள்களின் ஓட்டங்களை உருவாக்குகின்றன. அவை கருந்துளையிலிருந்து வெளிப்பட்டு மீண்டும் பிரபஞ்சத்திற்கு வீசியெறியப்படும். இதைக் கண்டறிந்த இயற்பியலாளர் ஸ்டீபன் ஹாக்கிங் அவர்களை நினைவு கூறும் பொருட்டு இது ஹாக்கிங் கதிர்வீச்சு என்று அழைக்கப்படுகிறது. காலம் செல்லச் செல்ல கருந்துளை அதன் நிறையைச் சிறிது சிறிதாக வெளியேற்றி, முற்றிலுமாக மறைந்துவிடும். கருந்துளைக்குள் ஆழமாகச் செல்லச்செல்ல, மையத்தில் அது எல்லையற்ற வளைவாக மாறும் வரை காலவெளி வளைந்து கொண்டே செல்கிறது. காலவெளியின் வளைவே ஈர்ப்பு எனத் தெரிவிக்கப்பட்டுள்ளதால் அதீத வளைவு அதீத ஈர்ப்பை வெளிப்படுத்துகிறது. இப்புள்ளி ஓர்மைப்புள்ளி என அழைக்கப்படுகிறது. இங்கு காலமும் வெளியும் நின்றுவிடுகின்றன. மேலும் நமக்குத் தெரிந்த இயற்பியலின் விதிகள் அனைத்திற்கும் வெளி மற்றும் காலம் தேவை. ஆனால் அவை ஓர்மைப்புள்ளிக்குப் பொருந்துவதில்லை.

இந்த ஓர்மைப்புள்ளியில் என்ன நடக்கிறது என்று தெளிவுறக் கணிக்க இயலவில்லை. கிளாஸிகல் இயற்பியலுக்கு இது ஒரு மர்மமாகவே நீள்கிறது. நீங்கள் தற்செயலாக இத்தகைய கருந்துளை ஒன்றில் விழுந்தால் என்ன ஆகும்? இதை ஒரு கற்பனைச் சூழலோடு ஆரம்பிக்கலாம். நீங்கள் ஒரு கருந்துளை நோக்கி விண்வெளிக் கப்பலில் செல்கின்றீர்கள் என வைத்துக்கொள்வோம். உங்களோடு உங்கள் நண்பர்

லெட்சுமண் வேறொரு விண்வெளிக்கப்பலில் வருகிறார். உங்கள் கப்பல் கருந்துளைக்குள் செல்கிறது. லெட்சுமண் உங்களைக் கருந்துளைக்கு வெளியே இருந்து பார்க்கிறார்.நீங்கள் கருந்துளை நோக்கிச் செல்லும்போது திகிலுடன் பார்க்கிறார். அவர் மிதக்கும் இடத்திலிருந்து பார்க்கும்போது அவருக்கு விஷயங்கள் வித்தியாசமாகத் தெரியும்.

நிகழ்வெல்லையை நோக்கி நீங்கள் முடுக்கிவிடப்படும் போது, ஒரு பெரிய பூதக்கண்ணாடி வழியாக உங்களைப் பார்ப்பது போல, லெட்சுமண் காண்கிறார்.

காரணம் என்னவென்றால், நீங்கள் நிகழ்வெல்லையை நெருங்க நெருங்க மெதுவான இயக்கத்தில் நீங்கள் லெட்சுமணுக்குத் தோன்றுவீர்கள். விண்வெளியில் காற்று இல்லாததால், அவரிடம் நீங்கள் சத்தமாகத் தகவல் தெரிவிக்க முடியாது, ஆனால் உங்கள் ஸ்மார்ட்போனில் இருந்து வெளிவரும் வெளிச்சத்துடன் ஒரு மோர்ஸ் செய்தியை அவருக்கு ஒளிரச் செய்ய நீங்கள் முயற்சி செய்யலாம். இருப்பினும், உங்கள் வார்த்தைகள் அவரை இன்னும் மெதுவாகே அடையும், நீங்கள் அனுப்பும் ஒளி அலைகள் அதிக அலைநீளம் கொண்ட சிவப்பு அதிர்வெண்களுக்கு நீண்டுவிடும். எனவே நீங்கள் அனுப்பும் செய்திகள் "சரி, போ ய் ட் டு வா ரே ன் , போ ய் ட் டு...... ..." இவ்வாறு அவரை அணுகும். இதற்கு மேல் நீங்கள் அனுப்பும் செய்திகள் அவரை அடையாது.

நீங்கள் நிகழ்வெல்லையை அடையும் போது, லெட்சுமண் உங்களை அதிர்ச்சியுடன் பார்க்கிறார். வளர்ந்து வரும் வெப்பம் உங்களைச் சூழ்ந்து கொள்ளத் தொடங்கும் போது, நீங்கள் அசைவில்லாமல்,நிகழ்வெல்லையின் மேற்பரப்பு முழுவதும் நீட்டப்பட்டிருப்பீர்கள். லெட்சுமண் கூற்றுப்படி, நீளத்தை நீட்டித்தல், நேரத்தை நிறுத்துதல் மற்றும் ஹாக்கிங் கதிர்வீச்சின் வெப்பம் ஆகியவற்றால் நீங்கள் மெதுவாக அழிக்கப்படுவீர்கள். நீங்கள் கருந்துளையின் இருளில் நுழைவதற்கு முன்பு, நீங்கள் சாம்பலாகிவிடுவீர்கள். இந்த பயங்கரமான காட்சியை உங்கள் பார்வையில் இருந்து பார்ப்போம்.

இயற்கையின் மிக மோசமான இடத்திற்கு நீங்கள் நேராகப் பயணம் செய்கிறீர்கள். ஆனால் நீங்கள் நீட்டிக்கப்படுவதாகவோ, மெதுவாவதாகவோ அல்லது கதிர்வீச்சுக்கு ஆட்படுவதாகவோ உணர்வதில்லை. மாறாக நீங்கள் தடையின்றி விழுவதால் (free fall) தான், எனவே நீங்கள் எந்த ஈர்ப்பு உணர்வையும் உணரவில்லை.

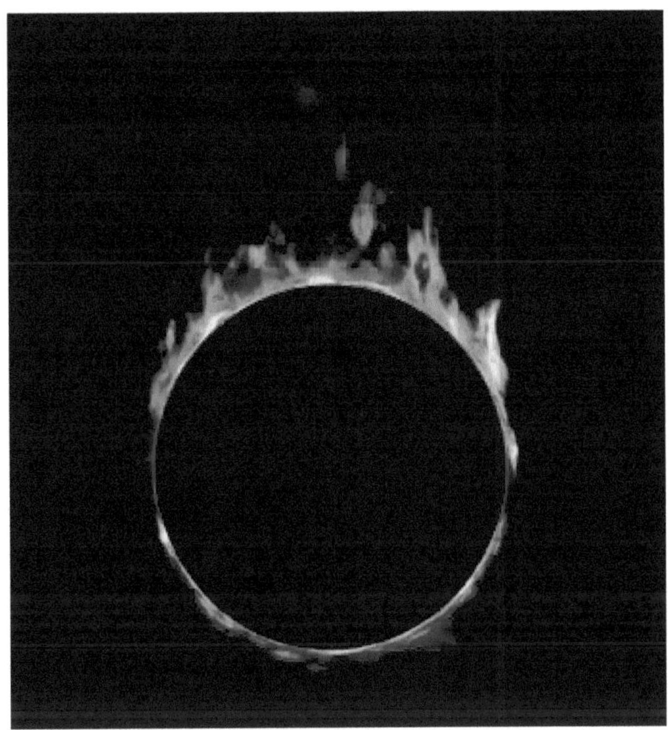

backreaction.blogspot.com

எல்லாவற்றிற்கும் மேலாக, நிகழ்வெல்லை என்பது விண்வெளியில் மிதக்கும் செங்கல் சுவர் போன்றது அல்ல. கருந்துளைக்கு வெளியே இருக்கும் ஒரு பார்வையாளர் அதைப் பார்க்க முடியாது. ஆனால் தடையற்ற விழும் உங்களுக்கு அது ஒரு சிக்கல் அல்ல. உங்களைப் பொருத்தவரை எந்த நிகழ்வெல்லையும் இல்லை.

நிச்சயமாக, கருந்துளை சிறியதாக இருந்தால் உள்ளே விழும் உங்களுக்கு ஒரு சிக்கல் இருக்கும். ஈர்ப்பு விசை உங்கள் தலையை விட உங்கள் காலடியில் மிகவும் வலுவாக இருக்கும். இது எல்லையற்றக் கயிறு போல உங்களை நீட்டுகிறது. ஆனால் அதிர்ஷ்டவசமாக, நீங்கள் சென்றுள்ளது ஒரு பெரிய கருந்துளையாகும். இது நமது சூரியனை விட கோடிக்கணக்கான மடங்கு பெரியது. எனவே உங்களை சிதைக்கக்கூடிய விசைகள் புறக்கணிக்கப்படும் அளவுக்கு பலவீனமாக அந்த கருந்துளையில் இருக்கும். உண்மையில், அத்தகைய பெரிய கருந்துளை-

யில் விழுந்த நீங்கள், அதன் ஓர்மைப்புள்ளியில் மோதி இறப்பதற்கு முன், உங்கள் வாழ்நாள் முழுவதையும் நீங்கள் வெகு சாதாரணமாக வாழ முடியும். இது உண்மையில் எவ்வளவு இயல்பானதாக இருக்கக்கூடும் என்று யோசித்துப்பாருங்கள். ஆம் நீங்கள் நிச்சயமாக ஆச்சரியப்படுவீர்கள். இயல்பில் நீங்கள் திரும்பி கருந்துளையில் இருந்து தப்ப முடியாது. ஆனால் நீங்கள் அதைப் பற்றி சிந்திக்கும்போது, அந்த உணர்வைப் பெறுவீர்கள். பொதுவாக இந்த பிரபஞ்ச இயக்கத்தில் நேரம் மட்டுமே முன்னோக்கி செல்கிறது. அது ஒருபோதும் பின்னோக்கிச் செல்லாது. அது நம்முடைய விருப்பத்திற்கு எதிராக நம்மை இழுத்துச் செல்லும். ஆனால் கருந்துளையின் நிகழ்வெல்லையில் காலமும் வெளியும் உண்மையில் தங்களது அர்த்தங்களை மாற்றிக்கொள்ளும். ஒரு விதத்தில், நேரம் உங்களை ஓர்மைப்புள்ளியை நோக்கி இழுக்கும். நீங்கள் திரும்பி கருந்துளையில் இருந்து தப்பிக்க முடியாது. இயல்பில் நீங்கள் திரும்பி கடந்த காலத்திற்கு பயணிக்க முடியும்.

இந்த கட்டத்தில் நீங்கள் ஒரு கேள்வியைக் கேட்கலாம். இந்த நிகழ்வில் லெட்சுமணின் பார்வையில் என்ன தவறு நிகழ்ந்தது? நீங்கள் கருந்துளைக்குள் எதுவும் அலட்டிக்கொள்ளாமல், வெற்றிடம் சூழ இருக்கிறீர்கள். ஆனால் நிகழ்வெல்லைக்கு வெளியே இருக்கும் லெட்சுமண் நீங்கள் கதிர்வீச்சினால் மிருதுவாக எரிக்கப்படுகிறீர்கள் என்று ஏன் கூறுகிறார்? உண்மையில், லெட்சுமண் அவரது ஆய்வுகளின் வழியாகவே இக்கருத்தைத் தெரிவிக்கிறார். அவருடைய பார்வையில், நீங்கள் உண்மையில் நிகழ்வெல்லையில் மிருதுவாக எரிக்கப்பட்டிருக்கிறீர்கள். இது ஒரு மாயை அல்ல. அவர் உங்கள் சாம்பலைச் சேகரிக்கக் கூட இயலும். உண்மையில், இயற்கையின் விதிகளை லெட்சுமணின் கண்ணோட்டத்தில் பார்க்கும்போது நீங்கள் கருந்துளைக்கு வெளியே இருக்க வேண்டும். குவாண்டம் இயற்பியல், தகவல்களை ஒருபோதும் இழக்க முடியாது என்று கோருகிறது. உங்கள் இருப்புக்கு காரணமான ஒவ்வொரு பிட் தகவலும் லெட்சுமணின் இயற்பியல் விதிகளில் உடைக்கப்படாமல் இருக்க, நிகழ்வெல்லைக்கு வெளியே நீங்கள் இருக்க வேண்டும்.

மறுபுறம், நீங்கள் சூடான துகள்கள் எதையும் எதிர்கொள்ளாமல் நிகழ்வெல்லையில் பயணிக்க வேண்டும். இல்லையெனில் நீங்கள் ஐன்ஸ்டீனின் பொது சார்பியல் கோட்பாட்டையும் மீறுவீர்கள். எனவே இயற்பியலின் விதிகள் நீங்கள் கருந்துளைக்கு வெளியே சாம்பல் குவியலாகவும், கருந்துளைக்குள்ளும் உயிருடன் இருக்க வேண்டும். இது கிட்டத்தட்ட சுரோடிங்கரின் பூனை இறந்தும் இறவாமல் இருக்கும் குவாண்டம் பெட்டி ஆய்வை ஒத்திருக்கும். கடைசியாகத், தகவலைக் குளோன் செய்ய முடியாது என்று இயற்பியலின் மூன்றாவது விதி உள்ளது. நீங்கள் இரண்டு இடங்களில் உயிர்ப்பித்து இருக்கலாம். ஆனால் உங்களிடம் ஒரு நகல்

மட்டுமே இருக்க முடியும்.

இயற்பியலின் இந்த விதிகள் முட்டாள்தனமாகன ஒரு முடிவை நோக்கி நம்மை இட்டுச்செல்வதாகத் தெரிகிறதோ என ஐயம் எழலாம். இயற்பியலாளர்கள் இந்த எரிச்சலூட்டும் புதிரைக் கருந்துளை தகவல் முரண்பாடு என்று அழைக்கிறார்கள். அதிர்ஷ்டவசமாக, 1990 களில் இயற்பியலாளர்கள் அதைத் தீர்க்க ஒரு வழியைக் கண்டுபிடித்தனர்.

ஸ்டான்போர்டு இயற்பியலாளர் லியோனார்ட் சஸ்கிண்ட் இந்த தகவல் கொள்கையில் எந்த முரண்பாடும் இல்லை என்பதை உணர்ந்தார். ஏனென்றால் உங்கள் குளோனை யாரும் பார்க்கவில்லை. உங்கள் ஒரு நகலை மட்டுமே லெட்சுமண் பார்க்கிறார். உங்களுடைய ஒரு நகலை மட்டுமே நீங்கள் பார்க்கிறீர்கள். நீங்களும் லெட்சுமணும் ஒருபோதும் குறிப்புகளை ஒப்பிட முடியாது. ஒரே நேரத்தில் ஒரு கருந்துளைக்கு உள்ளேயும் வெளியேயும் பார்க்கக்கூடிய மூன்றாவது பார்வையாளர் என்பவர் இல்லவே இல்லை. ஆகையால், இயற்பியலின் எந்த விதிகளும் உடைக்கப்படவில்லை. யதார்த்தம் என்னவென்றால் நீங்கள் யாரைக் கேட்கிறீர்கள் என்பதைப் பொறுத்தது. மேலும், எந்தக் கருத்து உண்மையில் நிகழும். என்பதை அறிய நீங்கள் முயலுகிறீர்கள். நீங்கள் இறந்துவிட்டீர்களா அல்லது நீங்கள் உயிருடன் இருக்கிறீர்களா? மறுபடியும் ஷ்ரோடிங்கரின் பூனை சோதனையில் வந்து முடிகிறது இந்தக் கருத்து.

முரண்பாட்டின் முடிவு.

2012 ஆம் ஆண்டில் , இயற்பியலாளர்களான அஹ்மத் அல்ஹெய்ரி, டொனால்ட் மரோல்ஃப், ஜோ பொல்சின்ஸ்கி மற்றும் ஜேம்ஸ் சல்லி ஆகியோர் கூட்டாக AMPS என அழைக்கப்பட்ட, ஒரு சிந்தனைப் பரிசோதனையை உருவாக்கினர். இச்சோதனை அதுவரை கருந்துளைகள் பற்றி நமக்குத் தெரியும் என்று நினைத்த அனைத்தையும் மாற்றும்படியான தீர்வுகளை முன் வைத்தது.

உங்களுக்கும் லெட்சுமணுக்கும் இடையிலான எந்தவொரு கருத்து வேறுபாடும் நிகழ்வெல்லையில் சமரசம் செய்யப்படுகிறது என்பதில் சஸ்கிண்டின் தீர்வு இருக்கிறது என AMPS உணர்ந்தார்கள். நிகழ்வெல்லையைக் கடக்காமல் நிகழ்வெல்லையின் மறுபக்கம் என்ன இருக்கிறது என்பதை லட்சுமண் புரிந்துகொள்ள முடியுமா?

சார்பியல் தத்துவம் அவ்வாறு நடக்க வாய்ப்பில்லை என்று கூறுகிறது. ஆனால் குவாண்டம் இயக்கவியல் விதிகளை கொஞ்சம் தெளிவில்லாமல் செய்கிறது. ஐன்ஸ்டீன் "Spooky action at a distance" என்று அழைத்த ஒரு சிறிய தந்திரத்தைப் பயன்படுத்தி லெட்சுமண் நிகழ்வெல்லையின் பின்னால் என்ன நிகழ்கிறது என்பதை பார்க்கக்கூடும். காலவெளியில் பிரிக்கப்பட்ட இரண்டு ஜோடி

துகள்கள் "குவாண்டம் இணைவில் (entanglement)" இருக்கும்போது அத்தகைய வாய்ப்புகள் நிகழ்கிறது. அவையிரண்டும் முழுமையான ஒரு அமைப்பில் இரு வேறு பகுதிகளாகத் திகழ்கிறது. இதனால் அவற்றை விவரிக்கத் தேவையான தகவல்களைத் தனித்தனியாகப் பிரித்துணர முடியாது. பொதுவாக குவாண்டம் கூற்றுப்படி அவற்றுக்கு இடையே ஒரு புதிரான இணைப்பு ஒன்று இருக்கும். AMPS யோசனை இதை வலியுறுத்தியது. லட்சுமணைப் பொறுத்தவரை நீங்கள் கருந்துளையின் பஸ்பமாமாக்கப்பட்டு விட்டீர்கள். ஆனால் உங்களைப் பொறுத்தவரை நீங்கள் நீண்ட காலம் கருந்துளைக்குள் உயிர் வாழ்க்கிறீர்கள். எனவே இருவரது சார்ந்திருக்கும் அச்சைப் பொறுத்து இருவரின் கருத்தும் உண்மையாகவே இருக்கிறது.

எனவே நாம் தொடங்கிய இடத்திற்கே திரும்பி வருகிறோம். நீங்கள் ஒரு கருந்துளைக்குள் விழும்போது என்ன நடக்கும்? முடிவானது பார்வையாளரைச் சார்ந்து இருக்கும். நீங்கள் கருந்துளைக்குள் சரியாகச் சென்று சாதாரண வாழ்க்கையை வாழ்கிறீர்களா? அல்லது ஒரு கொடிய ஃபயர்வாலுடன் மோதுவதற்கு மட்டுமே நீங்கள் கருந்துளையின் நிகழ்வெல்லையை அணுகுகிறீர்களா? இந்த கேள்விக்கு யாருக்கும் பதில் தெரியாது. ஏனெனில் இது அடிப்படை இயற்பியலில் மிகவும் சர்ச்சைக்குரிய கேள்விகளில் ஒன்றாகும். இயற்பியலாளர்கள் ஒரு நூற்றாண்டுக்கும் மேலாக குவாண்டம் இயக்கவியலுடன் பொதுவான சார்பியலை இணைக்க முயல்கின்றனர். அவை ஃபயர்வால் முரண்பாட்டிற்கான தீர்வு எது என்பதை நமக்குச் சொல்ல வேண்டும். மேலும் பிரபஞ்சத்தின் இன்னும் ஆழமான கோட்பாட்டிற்கான வழியையும் சுட்டிக்காட்ட வேண்டும்.

குவாண்டம் சிக்கல் நிலைகளில் ஒரு நிலை எந்த சிக்கலில் சிக்கியுள்ளது என்பதைக் கண்டறிவது ஒரு அசாதாரண சிக்கலாகும். இயற்பியல் விதிகள் அனுமதிக்கும் வேகமான கணினியைக் கொடுத்தாலும் கூட, சிக்கலை டிகோட் செய்ய லெட்சுமணுக்கு அசாதாரணமாக நீண்ட நேரம் ஆகும். அவருக்கு ஒரு பதில் கிடைத்த நேரத்தில், கருந்துளை நீண்ட காலமாக ஆவியாகி, பிரபஞ்சத்திலிருந்து மறைந்து, அதனுடன் ஒரு கொடிய ஃபயர்வாலின் அச்சுறுத்தலை மட்டும் நீட்டித்துக் கொண்டிருக்கும். அப்படியானால், பிரச்சினையின் உண்மையான சிக்கலானது, இருவரில் யாரின் கூற்று உண்மையானது என்பதைக் கண்டுபிடிப்பது மட்டுமே. இந்த இரண்டு கூற்றுகளையும் ஒரே நேரத்தில் உண்மையாகும். இது இயற்பியலாளர்களுக்கு சிந்திக்க புதிதாக ஒரு தத்துவத்தையும் தருகிறது. சிக்கலான கணக்கீடுகளுக்கும் மற்றும் காலவெளிக்கும் இடையிலான தொடர்புகள் தத்துவமாகச் சிந்திக்கப்படக் கூடும். இது இன்னும் ஆழமான புதிர் ஒன்றுக்கான கதவைத் திறக்கக்கூடும். கருந்துளைகள் பற்றிய விஷயம் அதுதான். அவை விண்வெளி பயணிகளுக்கு எரிச்சலூட்டும் தடைகள் மட்டுமல்ல. அவை இயற்பியல் விதிகளில்

உள்ள நுட்பமான வினோதங்களை எடுத்துக் கொள்ளும் கோட்பாட்டு ஆய்வகங்களாகும். இயற்கையின் யதார்த்தத் தன்மையைச் சரிபார்க்கச் சிறந்த இடம் கருந்துளையாகும். இருப்பினும், இந்த முழு ஃபயர்வால் விஷயத்தையும் ஆய்வாளர்கள் கண்டுபிடிக்கும் வரை கருந்துளையை வெளியில் இருந்து பார்ப்பது சிறந்தது.

8

கருந்துளைத் தகவல்களும் வெப்ப இயக்கவியலும்

கருந்துளைகளின் தகவல்கள் என்பதும் வெப்ப இயக்கவியல் விதிகளும் எவ்வாறு தொடர்பு படுத்தப் படுகிறது என்பதை இந்த அத்தியாயத்தில் காணலாம். 1800 களில் வெப்பம், அடர்த்தி மற்றும் வாயுக்களின் இயக்கம் போன்றவற்றைப் படிக்க விஞ்ஞானிகள் வெப்ப இயக்கவியல் எனப்படும் ஒரு கோட்பாட்டை உருவாக்கி-னர். இந்த பெயர் குறிப்பிடுவது போல, இந்த கோட்பாடு வெப்பத்தின் மாறும் இயக்கத்தை (அல்லது பொதுவாக ஆற்றல்) விவரிக்கிறது. வெப்ப இயக்கவியலின் மையமானது அதன் நான்கு அடிப்படை விதிகளால் பொதிந்துள்ளது. சுழிய விதி, A என்ற பொருள் B என்ற பொருளுடன் வெப்பச்சமநிலையில் இருந்தால் (வெப்-பச்சமநிலை என்பது அவற்றுக்கு இடையில் நிகர ஆற்றல் பாயவில்லை என்பதா-கும்). பொருள் C ஆனது B உடன் வெப்பச்சமநிலையில் இருக்கும் பட்சத்தில், A மற்றும் C ஆகியவை ஒன்றுக்கொன்று வெப்பச்சமநிலையில் இருக்கும். வெப்-பச்சமநிலையில் உள்ள பொருள்கள் ஒரே வெப்பநிலையைக் கொண்டிருப்பதால், இந்தச் விதியைக் குறிப்பிடுவதற்கான மற்றொரு வழி என்னவென்றால், A க்கு C ஐப் போலவே வெப்பநிலையும், A க்கு B ஐப் போன்ற வெப்பநிலையும் இருந்-தால், B மற்றும் C க்கு ஒரே வெப்பநிலை இருக்கும். இது மிகவும் தெளிவாக வரையறுக்கப்பட்டுள்ளதாகவும் தெரிகிறது.

முதல் விதி ஆற்றல் அழிவின்மையைக் கூறுகிறது. வெப்பம் ஆற்றலின் ஒரு வடிவம் என்பதால், வெப்பமடையும் ஒரு பொருள் எங்கிருந்தாவது ஆற்றலைப்

பெற வேண்டும். அதேபோல், ஒரு பொருள் குளிர்ச்சியடைந்தால், அது இழக்கும் ஆற்றலை வேறு ஏதாவது பெற வேண்டும். வெப்ப இயக்கவியலுக்கு முன்னர் ஆற்றல் அழிவின்மை அறியப்பட்டாலும் கூட இந்த விதி வெப்பத்தை ஒரு ஆற்றல் வடிவமாக அங்கீகரித்தது.

இரண்டாவது விதி வெப்ப இயக்கவியலின் மிகவும் தவறாக புரிந்து கொள்ளப்பட்ட விதியாகும். அதன் எளிமையான வடிவத்தில் இதை "வெப்பமான பொருட்களிலிருந்து குளிர்ந்த பொருட்களுக்கு வெப்பம் பாய்கிறது" என்று சுருக்கமாகக் கூறலாம். ஆனால் விதியானது என்ட்ரோபியின் அடிப்படையில் வெளிப்படுத்தப்படும்போது "ஒரு அமைப்பின் என்ட்ரோபி ஒருபோதும் குறையாது" என்று கூறப்படுகிறது. பலர் என்ட்ரோபியை ஒரு அமைப்பில் உள்ள ஒழுங்கமைவுறாத் தன்மை அல்லது ஒரு அமைப்பின் பயன்படுத்த முடியாத பகுதி என்று விளக்குகிறார்கள். காலப்போக்கில் விஷயங்கள் எப்போதுமே குறைவான பயனுள்ளதாக இருக்க வேண்டும் என்பதே இதன் பொருள். அதனால்தான் பரிணாமவியல் பெரும்பாலும் வெப்ப இயக்கவியலின் இரண்டாவது விதியை மீறுவதாகக் கூறப்படுகின்றன.

ஆனால் என்ட்ரோபி என்பது உண்மையில் ஒரு அமைப்பை விவரிக்க வேண்டிய தகவலின் அளவைப் பற்றியது. ஒரு படிகமாக்கப்பட்ட ஒருங்கிணைந்த அமைப்பு விவரிக்க எளிதானது. மறுபுறம், ஒழுங்கற்ற அமைப்பானது விவரிக்க கூடுதல் தகவல்களை எடுத்துக்கொள்கின்றன. ஏனென்றால் அவைகளுக்கிடையே எளிய இணைவு இல்லை. எனவே இரண்டாவது விதி என்ட்ரோபியை ஒருபோதும் குறைக்க முடியாது என்று கூறும்போது, ஒரு அமைப்பின் இயற்பியல் தகவல்கள் குறைய முடியாது என்றே அர்த்தமாகிறது. வேறு வார்த்தைகளில் கூறுவதானால், தகவல்களை எப்போதும்அழிக்க முடியாது.

மூன்றாவது விதியின் அடிப்படையில் சுழிய வெப்பநிலையில் ஒரு பொருள் அதன் குறைந்தபட்ச சாத்தியமான என்ட்ரோபியில் உள்ளது. இந்த விதியின் ஒரு விளைவு என்னவென்றால், ஒரு பொருளை முழுமையான சுழிய வெப்பநிலைக்குக் குளிர்விக்க முடியாது. கருந்துளை வெப்ப இயக்கவியலின் ஹாக்கிங் மற்றும் பெக்கன்ஸ்டீனின் ஆய்வுகளின் குறிப்பிடத்தக்க ஒரு அம்சம் என்னவென்றால், இது பல இயற்பியல் கருத்துகளை ஒன்றாக இணைக்கிறது. அந்த கருத்துகள் பின்வருமாறு:

குவாண்டம் மெக்கானிக்ஸிலிருந்து நாம் அனைத்து பருப்பொருள்-ஆற்றலையும் அலைகளாக அவதானிக்க இயலும்.

ஒரு வரையறுக்கப்பட்ட பிராந்தியத்தில், அலைகள் நிலை அலைகளாக இருக்கின்றன என்பதைக் கிளாசிக்கல் இயற்பியலில் இருந்து உணரலாம்.

என்ட்ரோபியை சமமான பொருட்களின் சேர்க்கைகள் அல்லது வரிசைமாற்றங்களின் எண்ணிக்கையின் அளவாகக் கருதலாம் என்று வெப்ப இயக்கவியலில்

இருந்து உணரலாம். வழக்கமாக என்ட்ரோபியை, ஒரு பொருளின் வெப்பநிலையால் வகுக்கப்பட்ட வெப்பத்தின் ஒரு அளவீடாக பார்க்கிறோம். வெப்ப இயக்கவியலின் இரண்டாவது விதிப்படி, ஒரு மூடிய அமைப்பில் என்ட்ரோபி ஒருபோதும் குறையாது.

ஹைசன்பெர்க்கின் நிச்சயமற்ற கோட்பாட்டிலிருந்து , ஆற்றல் அழிவின்மை விதியை நாம் ஒரு குறுகிய காலத்திற்கு மட்டுமே வரையறை மீற முடியும் என்று தெளிவாகிறது.

முழுமையான சுழியத்திற்கு மேலான வெப்பநிலையுடன் கூடிய அனைத்து பொருட்களும் மின்காந்த கதிர்வீச்சாக ஆற்றலை வெளியேற்றுகின்றன என்பதை கிளாசிக்கல் இயற்பியலில் இருந்து உணரலாம். ஃபெய்ன்மனின் ஆண்டிமேட்டர் கோட்பாடு நேரம் பின்னோக்கி செல்வதைக் குறிக்கிறது. இவற்றையெல்லாம் கருந்துளையின் வெப்ப இயக்க விதிகள் ஒன்றிணைக்கின்றன.

குவாண்டம் இயக்கவியலை நாம் கணக்கில் எடுத்துக் கொள்ளும்போது, ஹாக்கிங் கதிர்வீச்சு எனப்படும் ஒரு செயல்முறையின் மூலம் கருந்துளைகள் ஒளி மற்றும் பிற துகள்களை வெளியேற்றும். ஒரு "குவாண்டம்" கருந்துளை வெப்பத்தை வெளியிடுவதால், அதற்கு வெப்பநிலை உள்ளது என அறியப்படுகிறது. இதன் பொருள் கருந்துளைகளும் வெப்ப இயக்கவியல் விதிகளுக்கு உட்பட்டவையே என்றாகிறது.

பொது சார்பியல், குவாண்டம் இயக்கவியல் மற்றும் வெப்ப இயக்கவியல் ஆகியவற்றை கருந்துளைகளின் விரிவான விளக்கத்துடன் ஒருங்கிணைப்பது மிகவும் சிக்கலான புதிராகும். ஆனால் அடிப்படையில் கருந்துளைகளை வெப்ப இயக்கவியல் எனப்படும் மிகவும் எளிமையான விதிகளின் தொகுப்பாக வெளிப்படுத்தப்படலாம்.

ஒரு எளிய, சுழலாத கருந்துளை அதன் நிகழ்வெல்லையில் ஒரே மாதிரியான ஈர்ப்பைக் கொண்டுள்ளது என்று சுழிய விதி கூறுகிறது. இது கருந்துளை வெப்பச்சமநிலையில் உள்ளது என்று சொல்வது போன்றது.

முதல் விதி ஒரு கருந்துளையின் நிறை, சுழற்சி மற்றும் மின்னூட்டம் ஆகியவற்றை அதன் என்ட்ரோபியுடன் தொடர்புபடுத்துகிறது. ஒரு கருந்துளையின் என்ட்ரோபி அதன் நிகழ்வெல்லையின் பரப்பளவுடன் தொடர்புடையது.

இரண்டாவது விதி கருந்துளை அமைப்பின் என்ட்ரோபியைக் குறைக்க முடியாது என்று கூறுகிறது. இதன் விளைவு என்னவென்றால், இரண்டு கருந்துளைகள் ஒன்றிணையும்போது, இணைக்கப்பட்ட நிகழ்வெல்லையின் பரப்பளவு முந்தைய கருந்துளைகளின் பரப்பளவுகளை விட அதிகமாக இருக்க வேண்டும்.

மூன்றாவது விதி "அதீத" கருந்துளைகள் (அதிகபட்சமாக சுழற்சி அல்லது மின்னூட்டம் கொண்டவை) குறைந்தபட்ச என்ட்ரோபியைக் கொண்டிருக்கும்

என்று கூறுகிறது. இதன் பொருள் ஒருபோதும் அதீதக் கருந்துளையை உருவாக்குவது சாத்தியமில்லை. உதாரணமாக, ஒரு கருந்துளை மிக வேகமாக சுழல்வது ஒருபோதும் சாத்தியமில்லை.

கருந்துளைகள் வழக்கமான இயற்பியல் விதிகளை விட சற்று மாறுபட்ட இயற்பியல் விதிகளைக் கொண்டுள்ளன. அதன் என்ட்ரோபிகளைத் தீர்மானிக்கும் விதிகளில் இருந்து இவற்றைக் காணலாம். பொதுவாக என்ட்ரோபி என்பது ஒரு இயங்கும் அமைப்பின் மாறுதல்களை கண்டறியப் பயன்படுகிறது. சுருக்கமாகச் சொல்ல வேண்டுமானால் என்ட்ரோபி என்பது ஒரு அமைப்பில் ஒழுங்கமைப்புத் தன்மையில் ஏற்படும் மாற்றங்கள் என்று சொல்லலாம். என்ட்ரோபி என்பது எப்போதும் அதிகரித்துக் கொண்டே இருக்கும். உதாரணமாக ஓடும் நதி, முன்னேறிச் செல்லும் காலம், விரிவடையும் பிரபஞ்சம் ஆகியவை என்ட்ரோபி மாற்றத்திற்கு உதாரணங்கள். என்றோபி எப்போதுமே குறைந்த மதிப்பிலிருந்து மதிப்பிற்கு கூடிக்கொண்டே செல்லும். இதன் அர்த்தம் என்னவெனில் ஒரு அமைப்பானது ஒழுங்கான சீரான அமைப்பிலிருந்து, ஒழுங்கற்றத் தன்மைக்கு மாறிக் கொண்டே செல்லும் என்பதாகும். இதற்கு ஓர் உதாரணம் பார்க்கலாம். ஒரு வெற்றிடமாக்கப்பட்ட கனசதுரப் பெட்டியை எடுத்துக் கொள்ளலாம். ஆரம்பநிலையில் இதற்குள் எந்த வாயுக்களும் இல்லை. முற்றிலும் வெற்றிடமான பெட்டி இது. தற்போது இதன் ஒரு மூலையில் சிறு துவாரம் ஒன்றை வைத்து அதற்குள் வாயுக்கள் போகும்படி செய்யலாம். இப்போது என்ன நிகழும் என்று கவனியுங்கள். வாயுக்களானது இந்த பெட்டிக்குள் வேகமாகப் பரவும். இப்போது திறப்பை அடைத்துவிட்டு கவனித்தோமானால் பெட்டிக்குள் வாயுக்களின் இயக்கமானது பரவலான இயக்கமாக இருக்கும். ஆரம்பநிலையில் என்றோபி சுழியமாக இருந்தபோது, பெட்டி வெற்றிடமாக இருந்தது. தற்போது என்றோபி கூடக்கூட பெட்டியானது வாயுக்களின் இயக்கத்தால் ஆக்கிரமிக்கப்பட்டுள்ளது. இதேபோலவே பிரபஞ்சத்தின் அனைத்து இயக்கங்களும் செயல்படுகின்றன. மேலும் என்றோபியைக் குறைக்க முடியுமா என்று ஒரு கேள்வி எழலாம். நிச்சயமாக ஒரு இயக்க அமைப்பின் என்றோபியைக் குறைக்க இயலாது. என்றோபி மாற்றம் என்பது, "ஒரு வழிப்பாதை" என அமைந்துள்ளது. உதாரணமாக குழந்தையாகப் பிறந்த ஒருவர் வயதாகிக் கொண்டே தான் செல்வார். அவரை மீண்டும் வயது குறைக்க இயலாது. அதேபோலவே காலமும் ஒருவழிப் பாதையில் தான் செல்லும். காலத்தைப் பின்னோக்கித் திருப்ப இயலாது. இந்த வகையில் பார்க்கும்போது என்றோபியைக் கொண்டு கருந்துளைகளையும் ஆய்வு செய்ய முடியும். கருந்துளைகள் இயக்க அமைப்பில் எவ்வாறு என்றோபி மாறுபடுகிறது என்பதை ஆய்வாளர்கள் ஆராய்ந்து வந்தனர். அதன் வெளிப்பாடாகவே ஹாக்கிங் மற்றும் பெங்கைன்டீன் ஆகியோரால் ஒரு சிறப்பான முடிவு எட்டப்பட்டது. பொதுவாக எந்த பொருளிலும் என்ட்ரோபி என்பது அதன் கொள்-

ளளவுக்கு நேர்தகவிலே அமையும். அதற்கு மாறாக கருந்துளைகளில் என்றோபி என்பது அதன் பரப்பளவுக்கு நேர்தகவில் அமையும் என்ற வியத்தகு தத்துவத்தை பெங்கைன்டீன் கண்டுபிடித்தார்.

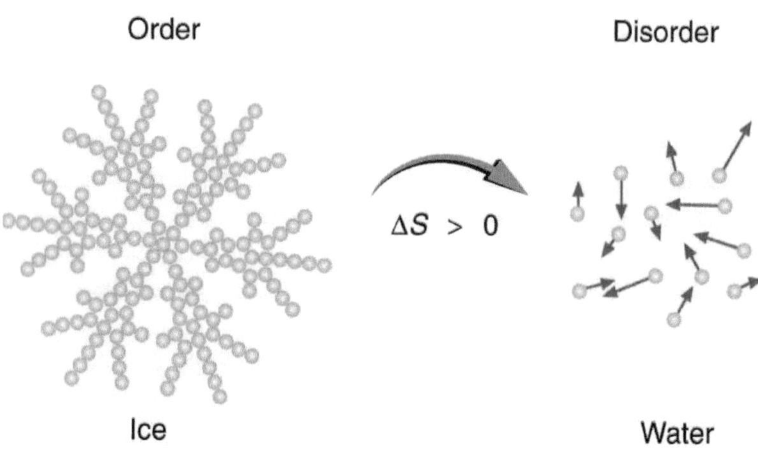

பட உதவி *socratic.org*

இதன் அர்த்தம் என்னவெனில் கருந்துளைகள் கொள்ளளவில் அல்லாமல், பரப்பளவில் வளர வளர அதன் என்ட்ரோபி அதிகரிக்கும் என்பதாகும். இது மிகப் பெரிய தட்டையான கருந்துளைகளின் மாற்றத்தைக் கணிக்கப் பெருமளவு பயன்படுகிறது. தட்டையான கருந்துளைகளின் என்றோபியைக் கணக்கிட கூடுதலாக அதன் கொள்ளளவு என்பது தேவைப்படுவதில்லை. மேலும் கருந்துளைகளின் வெப்பநிலையும் இதே சமன்பாடு கொண்டு காண இயலும். வெப்பம் அதிகமான கருந்துளை மிகவும் சிறியதான கருந்துளையாகவும், வெப்பம் குறைவான கருந்துளை மிகவும் பெரியதான கருந்துளையாகவும் இருக்கும் என்பதையும் இந்த தத்துவம் முன்வைக்கிறது. இதனடிப்படையில் பார்க்கும்போது ஒரு பெரிய கருந்துளையானது சுற்றுப்புறத்தோடு ஒப்பிடுகையில் குறைவான வெப்பநிலையைக் கொண்டிருக்கும்போது, சுற்றுப்புறத்தில் இருந்து வெப்பத்தை ஏற்றுக்கொண்டு சிறிய கருந்துளையாகவும்; சிறிய கருந்துளை சுற்றுப்புறதோடு ஒப்பிடுகையில் அதிக வெப்பநிலை கொண்டிருக்கும்போது வெப்பத்தை வெளியிட்டு பெரிய கருந்துளையாகவும் மாறிவரும் என்பதையும் உணரமுடிகிறது. மேலும் கருந்துளைகளில் இந்த வெப்ப உமிழல் மற்றும் கொள்ளல் செயல்முறை தொடர்ச்சியாக நிகழ்ந்து வருகிறது.

அதன் வெளிப்பாடாகவே ஹாக்கிங் மற்றும் பெங்கைன்டீன் ஆகியோரால் ஒரு சிறப்பான முடிவு எட்டப்பட்டது. பொதுவாக எந்த பொருளிலும் என்ட்ரோபி என்பது அதன் கொள்ளளவுக்கு நேர்தகவிலே அமையும். அதற்கு மாறாக கருந்துளைகளில் என்றோபி என்பது அதன் பரப்பளவுக்கு நேர்தகவில் அமையும் என்ற வியத்தகு தத்துவத்தை பெங்கைன்டீன் கண்டுபிடித்தார். இதன் அர்த்தம் என்னவெனில் கருந்துளைகள் கொள்ளளவில் அல்லாமல், பரப்பளவில் வளர வளர அதன் என்ட்ரோபி அதிகரிக்கும் என்பதாகும். இது மிகப் பெரிய தட்டையான கருந்துளைகளின் மாற்றத்தைக் பெருமளவு பயன்படுகிறது. தட்டையான கருந்துளைகளின் என்றோபியைக் கணக்கிட கூடுதலாக அதன் கொள்ளளவு என்பது தேவைப்படுவதில்லை. மேலும் கருந்துளைகளின் வெப்பநிலையும் இதே சமன்பாடு கொண்டு காண இயலும். வெப்பம் அதிகமான கருந்துளை மிகவும் சிறியதான கருந்துளையாகவும், வெப்பம் குறைவான கருந்துளை மிகவும் பெரியதான கருந்துளையாகவும் இருக்கும் என்பதையும் இந்த தத்துவம் முன்வைக்கிறது. இதனடிப்படையில் பார்க்கும்போது ஒரு பெரிய கருந்துளையானது சுற்றுப்புறத்தோடு ஒப்பிடுகையில் குறைவான வெப்பநிலையைக் கொண்டிருக்கும்போது, சுற்றுப்புறத்தில் இருந்து வெப்பத்தை ஏற்றுக்கொண்டு சிறிய கருந்துளையாகவும்; சிறிய கருந்துளை சுற்றுப்புறதோடு ஒப்பிடுகையில் அதிக வெப்பநிலை கொண்டிருக்கும்போது வெப்பத்தை வெளியிட்டு பெரிய கருந்துளையாகவும் மாறிவரும் என்பதையும் உணரமுடிகிறது. மேலும் கருந்துளைகளில் இந்த வெப்ப உமிழல் மற்றும் கொள்ளல் செயல்முறை தொடர்ச்சியாக நிகழ்ந்து வருகிறது.

9

கருந்துளையில் இருந்து ஏதும் வெளிவருமா ?

இதுவரையில் நாம் பார்த்தது என்னவென்றால் கருந்துளைக்குள் செல்லும் பொருள் எதுவும் வெளியே வராது என்பதே. ஏனெனில் கருந்துளையில் ஈர்ப்புவிசை மிக அதிகமாக இருப்பதால் கருந்துளைக்குள் விழும் எந்த பொருளும் அதை விட்டு வெளியே வர சாத்தியமே இல்லை. மேலும் கருந்துளையில் நிகழ்வெல்லையைக் கடந்து உள்ளே செல்லும் எந்தவிதமான பொருளோ அல்லது மின்காந்த அலைகளை கூட அதை விட்டு வெளியேறி வர சாத்தியக்கூறுகள் இல்லவே இல்லை என்றுதான் அறிவியல் கணக்கீடுகள் தெரிவிக்கின்றன. ஆயினும் இவற்றில் ஏதாவது மாறுபாடுகள் உள்ளதா? அல்லது வெகு சிறிய அளவிலாவது எதையும் கதிர்வீச்சுகளால் அது வெளியேறி வர வாய்ப்புகள் உண்டா? என்று கேள்விகள் கேட்கலாம். இதற்கு பதில் சொல்கிறார் விஞ்ஞானி ஸ்டீபன் ஹாக்கிங். கருந்துளைகளிலிருந்து மிகச்சிறிய அளவிலான கதிர்வீச்சு வெளிவரும். அந்த கதிர்வீச்சுக்கு பெயர் ஹாக்கிங் கதிர்வீச்சு. இதைப் பற்றி தெரிந்துகொள்ள இயற்பியலின் சிறந்த தத்துவமான குவாண்டம் இயற்பியல் தத்துவத்தை பற்றி சிறிது தெரிந்து கொள்ளலாம்.

1. குவாண்டம் குடைதல்

பல வியத்தகு ரகசியங்களை குவாண்டம் இயற்பியல் தன்னகத்தே அடக்கிக் கொண்டுள்ளது. அவற்றில் ஒன்றுதான் குவாண்டம் குடைதல் அல்லது ஊடுருவல்

என்பதாகும் ஒரு சாதாரண எடுத்துக்காட்டுடன் இந்த அற்புதமான நிகழ்வை பற்றி பார்ப்போம். ஒரு சாலையின் குறுக்கே 3 மீட்டர் உயரத்திற்கு சுவர் ஒன்று எழுப்பப் பட்டுள்ளது என்று வைத்துக் கொள்வோம். அது ஒரு வழி சாலை என கருத்தில் கொள்க. ஒரு நபர் அந்த சாலை வழியாக நடந்து வருகிறார். இப்போது அந்த சாலையை கடக்க வேண்டுமெனில் அவருக்கு இருக்கும் வாய்ப்புகள் என்பது, அந்த சுவரை தாண்டிக் குதித்து செல்வது , அல்லது வேறு வழியாக சுற்றிச் செல்வது. இது ஒரு வழிப்பாதை என்று இரண்டாவது வாய்ப்பை நிறுத்திவிட்டோம். அவருக்கு இருக்கும் ஒரே வாய்ப்பு சுவற்றில் தாவிக்குதித்து செல்வது மட்டுமே. தாண்டக் கூடிய அளவில் இருந்தால் இந்த சுவற்றை அந்த நபர் தாவிக்குதித்து தாண்டி விடுவார் . மிக உயரமான சுவராக இருந்தால் என்ன செய்வது. தாண்டிக் குதிக்கும் வாய்ப்பு இல்லை. சுவற்றை தாண்டி அடுத்த பக்கத்திற்கு செல்லவும் முடியாது . ஆனால் இதேபோன்ற நிலை குவாண்டம் இயற்பியலில் வேறுவிதமாக பார்க்கப்படுகிறது . ஒரு துகள் இயக்க ஆற்றலோடு வந்து கொண்டிருக்கிறது. அவ்வாறாக வந்து கொண்டிருக்கும் துகள் ஒரு நிலை ஆற்றல் குவாண்டம் சுவர் மீது மோதுகிறது. இத்துக்களுக்கு கிளாசிக்கல் அளவில் உள்ள நிகழ்வுகள், சுவரில் பட்டு எதிரொளிக்கப்பட முடியும். அல்லது ஆற்றல் அதிகமாக இருந்தால் தாவிக் குதிக்க முடியும் . இங்கு மூன்றாவதாக ஒரு நிகழ்தகவை குவாண்டம் இயற்பியல் முன்வைக்கிறது . அதாவது இந்தத் துகள் சுவற்றை தாண்ட முடியாத அளவுக்கு ஆற்றல் குறைவாக இருக்கும் போது, துகள் தொடர்ந்து அந்த நிலைச்சுவரை ஊடுருவி செல்கிறது என்னும் எனும் விசித்திரமான நிகழ்வை முன்வைக்கிறது .

இதை குவாண்டம் ஊடுருவல் என விளக்க முடியும் . இந்தத் தன்மைதான் எலக்ட்ரானிக்ஸ் எனும் மிகப்பெரும் துறையை புரட்சியின் மூலம் ஏற்படுத்தியது . எலக்ட்ரானிக்ஸ் அடிப்படையான டயோடு மூலம் இந்தக் குவாண்டம் ஊடுருவல் பயன்பாட்டினை விளக்க முடியும் . P பகுதியிலிருந்து N பகுதிக்கு எலக்ட்ரான்கள் புகாவண்ணம் தடை இருக்கும். அந்தத் தடையை எலக்ட்ரான் தாண்ட முடியாது. குறிப்பிட்ட அளவு ஆற்றல் எலக்ட்ரானுக்கு கொடுக்கப்படும் போது எலக்ட்ரான் அந்த தடையை ஊடுருவிச் செல்கிறது . இதுவே இன்றைய தொழில்நுட்ப சாதனங்கள் பலவற்றிலும் பயன்படும் அடிப்படை அறிவியல் ஆகும். இந்தக் கண்டுபிடிப்பு பயன்பாட்டுக்கு வராமல் இருந்திருந்தால் இன்று நாம் பயன்படுத்தும் கணினி ஒரு கால்பந்து மைதானம் அளவுக்கு மிகப் பெரியதாகவும் , நாம் கையில் வைத்திருக்கும் மொபைல் சாதனம் ஒரு மிகப்பெரிய லாரியின் அளவுக்கு பெரியதாகவும் இருக்கும்.

கருந்துளைக்குள் விழும் அனைத்து பொருட்களும் கருந்துளைக்கே சொந்தம். சரி இந்த காட்சியை மாற்றிவிட முடியுமா? சற்று ஆழமாக இந்த பகுதியில் விவாதிப்போம். இந்த குவாண்டம் குடைதல் செயல்முறையை கருந்துளைக்குள்

பொருத்திப் பார்த்தார் ஸ்டீவன் ஹாக்கிங். குவாண்டம் குடைதல் என்பதன் மூலம் ஒரு குவாண்டம் நிலையானது அதீத புலத்தையும் உட்புகுந்து வெளிவரும் என்பது தெளிவாகிறது. இதேபோன்று ஒரு அதீத புலமே கருந்துளையின் உட்கட்மைப்பாக உள்ளது. கருந்துளையானது ஈர்ப்பின் புலத்தால் கட்டமைக்கப்பட்டுள்ளது. உள்ளே விழுந்த பொருட்களானது அவற்றின் அடிப்படைக் குவாண்டம் கட்டமைப்புகளில் கூட ஈர்ப்பு விசையை உணர ஆரம்பிக்கிறது. இவ்வகையான சூழலில் மீயீர்ப்பு விசையை புலத்தை இந்த குவாண்டம் நிலைகள் குடைந்து உட்புகுந்து வெளிவருகின்றன. இவ்வாறு வெளிவரும் நிலைகள் துகள்களாக கூட கட்டமைக்கப்பட முடியும். இவ்வாறு வெளிவரும் ஆற்றல் மிகுந்த ஃபோட்டான்கள் ஹாக்கிங் கதிர்வீச்சு என அழைக்கப்படுகின்றது. இந்த ஹாக்கிங் கதிர்வீச்சு கருந்துளைகளில் இருந்து குவாண்டம் தகவலை எடுத்து வரக்கூடும் என்பதான கருதுகோளும் உண்டு. ஒரு கருந்துளை அதன் எதிர்காலத்தில் தன்னிலிருந்து ஹாக்கிங் கதிர்வீச்சினை வெளியிட்டுக் கொண்டே இருக்கும். இது கிட்டத்தட்ட குவாண்டம் இயக்கவியலின் கரும்பொருள் கதிர்வீச்சுக்கு ஒத்ததான நிகழ்வாக இருக்கும்.

இதுபோன்ற ஹாக்கிங் கதிர்வீச்சு குவாண்டம் இயக்கவியலின் அடிப்படையில் ஒரு துகள் நிலையை உருவாக்கவும், அழிக்கவும் செய்கிறது. உதாரணமாக ஒரு கருந்துளைக்குள் ஒரு எலக்ட்ரான் விழுவதாக வைத்துக்கொள்வோம். இவ்வியக்கத்தில் எலக்ட்ரான் கருந்துளைக்கு உள்ளே விழுந்து அழிவதற்கு ஈடாக கருந்துளைக்கு வெளியே எலக்ட்ரானின் சமானமான எதிர்த்துகளான பாசிட்ரான் ஒன்று உருவாக்கப்படுகிறது. இது பிரபஞ்சத்தின் ஒட்டு மொத்த ஆற்றல் அழிவின்மையை உறுதி செய்கிறது; என்பதையும் ஹாக்கிங் கதிர்வீச்சு முன்வைக்கிறது. அறிவியலின் முன்னேற்றத்தில் இயற்பியல் விஞ்ஞானி பென்றோஸ், முந்தைய காலகட்டத்தில் இருந்த பிரபஞ்சத்தில் இருந்த மிகப்பெரும் கருந்துளைகளில் இருந்து இந்த ஹாக்கிங் கதிர்வீச்சானது வெளிவந்த்தைக் கூட கண்டுபிடிக்க முடியும் என்று சில சித்தாந்தங்களில் வலியுறுத்தியுள்ளார்.

10

கருந்துளையும் ஹாக்கிங் கதிர்வீச்சும்

கருந்துளைகளில் தகவல் முரண்பாட்டைப் பற்றிக் கடந்த அத்தியாயங்களில் பார்த்தோம். அதனைப்பற்றி சற்று விரிவாக இந்த அத்தியாயத்தில் பார்க்கலாம்.

பிரபஞ்சத்தின் கடைசி நட்சத்திரம் எரிந்து நீண்ட காலம் கழித்து என்னவாகும் என்று ஸ்டான்போர்டு பல்கலைக்கழக இயற்பியலாளர் லியோனார்ட் சஸ்கைண்ட் ஆழ்ந்து கவலைப்படுகிறார். சஸ்கைண்ட் மற்றும் அவரது பல முக்கிய சகாக்கள் சமீபத்தில் கருந்துளைகளின் இறுதி விதியைப் பற்றி யோசித்து வருகின்றனர். காலவெளியில் புதிரான , மிகப்பெரிய நட்சத்திரங்களின் மையங்கள் வெடிக்கும்போது உருவாகக்கூடியதுமான ஒளியைக்கூட விழுங்கும் கருந்துளைகளை இயற்பியலாளர்கள் ஆழமாகப் புரிந்துகொள்ள எத்தனிக்கிறார்கள். குறிப்பாக, சஸ்கைண்டும் அவரது கூட்டாளிகளும் ஒரு கருந்துளையின் இருப்பின் கடைசித் தருணங்களைப் பரிசீலித்து வருகின்றனர். ஏனெனில் இந்த வினோதமான பொருள்களின் இறுதிக்கட்டம் அறிவியலுக்கு மிகப்பெரிய சவாலாக உள்ளது.

புகழ்பெற்ற பிரிட்டிஷ் இயற்பியலாளர் ஸ்டீபன் ஹாக்கிங் செய்த ஆய்வுகளில் சில முரண்பாடுள்ள தீர்வுகளைக் கொண்டுள்ளது. 1974 ஆம் ஆண்டில் ஹாக்கிங் கருந்துளைகள் எப்போதும் கருமையானவை அல்ல என்ற தலைப்பில் ஒரு கட்டுரையை எழுதினார். அதில் அவர் சில கதிர்வீச்சுகள் கருந்துளைகளிலிருந்து தப்பிக்கக்கூடும் என்று கூறி இயற்பியல் சமூகத்தை ஆச்சரியப்படுத்தினார். இது இயற்பியலாளர்கள் கருந்துளைகளைப் பற்றி அதுவரை அறிந்த எல்லாவற்றிற்கும் முற்றிலும் முரணாகத் தோற்றமளித்தது. எல்லாவற்றிற்கும் மேலாக, கருந்துளையின் அபரிமிதமான ஈர்ப்பு விசையைத் தவிர்ப்பதற்கு ஒளிக்கு கூட திறன் இல்லை என்ற தீர்வை உறுதிப்படுத்தியது. அத்தகைய , ஹாக்கிங் கதிர்வீச்சின் மெதுவான

ஓட்டம் காரணமாக ஒரு கருந்துளை அதன் இறுதிக் காலத்தில் சூரியனின் முன் ஒரு பனிப்பந்து ஆவியாவது போல முற்றிலும் ஆவியாகி, பிரபஞ்சத்திலிருந்து மறைந்துவிடும். இந்த கதிர்வீச்சு மிக நீண்ட காலத்திற்கு நடந்துகொண்டே இருக்கும். ஒரு கருந்துளை முற்றிலும் ஹாக்கிங் கதிர்வீச்சை வெளியிட்டு ஆவியாவதற்கு ஆகும் காலம் பிரபஞ்சத்தின் வயதை விடப் பல மடங்கு அதிகமாக எடுக்கும் என்று இயற்பியலாளர்கள் நம்புகின்றனர்.

ஆயினும்கூட, நினைத்துப் பார்க்க முடியாத தொலைதூர எதிர்காலத்தில் அமைந்திருக்கும் இந்த மறைந்துபோகும் செயல், சஸ்கிண்ட் போன்ற இயற்பியலாளர்களை அதன் ஆழ்ந்த தத்துவார்த்த விளக்கங்களின் காரணமாக மிகுந்த ஆர்வத்துடன் வைத்துள்ளது. ஆவியாதல் என்பது மோசமான நிகழ்வு என்று சஸ்கிண்ட் கூறுகிறார். அந்த ஆவியாதல், அதே போல் கருந்துளைகளிலிருந்து வெளியேறும் ஹாக்கிங் கதிர்வீச்சு என்று அழைக்கப்படும் விசித்திரமான தன்மை ஆகியவை இயற்பியலின் மிக அடிப்படைக் கொள்கைகளுக்கு முரணானதாகத் தெரிகிறது. தற்போதைய இயற்பியல் அனைத்தும் கொள்கையளவில், கடந்த காலத்தை நிகழ்காலத்திலிருந்து மீட்டெடுக்க முடியும் என்ற அனுமானத்தினை அடிப்படையாகக் கொண்டது. ஆனால் கருந்துளைகள் இந்த விதியை மீறுவதாகத் தெரிகிறது. கருந்துளைக்கு அருகில் செல்லும் பெரும்பான்மையான பொருள் ஏதோவொரு வடிவத்தில் அல்லது வேறு வடிவத்தில் மீண்டும் வெளியில் துப்பப்படும்.

இயற்பியலாளர்கள் துகள் முடுக்கிகளைச் சமீபகாலத்தில் இயற்பியலின் விதிகளை நிரூபிக்கும் வண்ணம் பயன்படுத்தி வருகிறார்கள். எடுத்துக்காட்டாக, அவை அடிப்படைத் துகள்களை ஒன்றாக மோதி நொறுக்குகின்றன. பின்னர் புதிதாக உற்பத்தி செய்யப்படும் துகள்களின் தகவல்களிலிருந்து மோதலின் விவரங்களை மறுபரிசீலனை செய்கின்றன. இதேபோல், ஒரு சூப்பர்நோவா வெடிக்கும் போது, வானியற்பியல் வல்லுநர்கள் விண்வெளியில் வீசப்படும் கதிர்வீச்சு மற்றும் வாயுக்களைக் கவனித்து, வெடிப்பதற்கு முன்பு என்ன நடந்தது என்பதைப் புரிந்துகொள்ள முடியும்.

ஆனால் சற்று வித்தியாசமாக, இயற்பியலாளர்கள் ஆவியாகும் கருந்துளையுடன் இதே போன்ற துகள் முடுக்கி ஆய்வை செய்ய முடியாது. சில மோசமான குற்றவாளிகள் தங்கள் செய்த தவறை முற்றிலும் மறைக்க தடயங்களை அளித்துவிடுகிறார்கள் என்று நாம் செய்திகளில் பார்க்கிறோம். அத்தகைய குற்றவாளிகளைப் போலவே, ஒரு கருந்துளை அதன் கடந்த காலத்தைப் பற்றிய அனைத்து தடயங்களையும் மறைக்கிறது. ஒரு சூப்பர்நோவாவைத் தொடர்ந்து எரியும் ஒளிரும் நட்சத்திர எச்சம் அதன் வெடிப்பு பற்றிய தகவல்களைத் தருகிறது. ஆனால் கருந்துளையில் இருந்து வரும் ஹாக்கிங் கதிர்வீச்சு மட்டும் ஊமையாகவே இருக்கிறது

. கருந்துளைக்குள் என்ன இருக்கிறது? கருந்துளை எவ்வாறு உருவானது, வளர்ந்தது, இறந்தது?அல்லது கருந்துளையின் அமைப்பு எப்படி இருக்கிறது? என்பது பற்றி எந்த தகவலும் ஹாக்கிங் கதிர்வீச்சு மூலம் பெற முடிவதில்லை.

ஏதேனும் ஒரு பொருள் கருந்துளைக்குள் விழும்போது, அதில் விழுந்ததை உறுதிப்படுத்தியத் தகவல்கள் அழிக்கப்படும் என்று சஸ்கிண்ட் கூறுகிறார். வேறுவிதமாகக் கூறினால், கருந்துளைகள் கடந்த கால, நிகழ்காலம் மற்றும் எதிர்காலம் ஆகியவற்றுக்கு இடையேயான பிணைப்புகளைத் துண்டிக்கின்றன.

கடந்த காலத்தை மறுகட்டமைக்க முடியாத சூழ்நிலைகளின் இயற்பியல் எடுத்துக்காட்டுகள் அன்றாட வாழ்க்கையில் ஏராளமாக உள்ளன. இந்த புத்தகத்தை எரித்துவிட்டால் , சாம்பலில் இருந்து ஒரு காலத்தில் கருந்துளைகள் பற்றிய ஒரு கட்டுரை இருந்ததாக நீங்கள் சொல்ல முடியாது. இருப்பினும், கொள்கையளவில், எரியும் செயல்முறையை உங்களால் உன்னிப்பாகக் கண்காணிக்க முடிந்தால், புத்தகத்தைச் சாம்பலாக மாற்றிய அனைத்து மூலக்கூறுத் தொடர்புகளையும் உங்களால் காண முடியும். சிதைந்த கார்பன் மூலக்கூறுகளாக,கார்பன் டை ஆக்சைடு மற்றும் கார்பன் மோனாக்சைடு போன்ற வாயுக்களாக எரிந்த காகிதங்களின் மாற்றத்தைக் காணலாம்.

இந்த வினைகளைப் பின்னோக்கி இயக்குவதன் மூலம், நீங்கள் - கொள்கையளவில் - புத்தகத்தை மீட்டெடுக்க முடியும். ஆனால் நீங்கள் பத்திரிகையை ஒரு கருந்துளைக்குள் எறிந்தால், அங்கு தீவிர ஈர்ப்பு இறுதியில் பக்கங்களை அணுக்களாக மாற்றிவிடும்,. கருந்துளையின் ஹாக்கிங் கதிர்வீச்சைப் படிப்பதன் மூலம் புத்தகத்தை ரீமேக் செய்வது சாத்தியமில்லை. கருந்துளைகள் ஒரு குழப்பமான தன்மைகளைக் கொண்டுள்ளன. கோட்பாட்டளவில் கூட அவற்றில் விழும் எதையும் அவை ஆவியாகிவிட்டவுடன் ,மீண்டும் ஒன்றாக இணைக்கப்படும் சாத்தியத்தைச் சுழியமாகக் குறைக்கிறது..

ஹாக்கிங் கதிர்வீச்சு அத்தகையசிக்கல்களுக்கு வழிவகுக்கிறது. கருந்துளை கதிர்வீச்சு பற்றிய தனது கோட்பாட்டை ஹாக்கிங் முதலில் அறிவித்தபோது இயற்பியலாளர்கள் அவற்றை ஏற்கவில்லை. ஏனென்றால் உள்ளே விழுந்தபின் கருந்துளையில் இருந்து எதுவும் வெளியே வரக்கூடாது காரணம் கருந்துளையின் ஈர்ப்பு மிக அதிக சக்தி வாய்ந்தது. ஆனால் ஹாக்கிங் கதிர்வீச்சு கருந்துளைக்குள் இருந்து வரவில்லை. எனவே ஒரு சூப்பர்நோவா வெடிக்கும் போது வெளியாகும் ஆற்றல் அல்லது குப்பைகளைப் போலல்லாமல், அல்லது ஒரு புத்தகம் எரியும் போது உருவாகும் சாம்பல் மற்றும் ஆற்றல் போலல்லாமல், அல்லது ஒரு கப் காபியிலிருந்து எழும் நீராவி போலல்லாமல், ஹாக்கிங் கதிர்வீச்சுக்கு அதன் மூலத்துடன் நேரடி தொடர்பு இல்லாமல் நிகழ்கிறது. கப் காபி இந்த வழியில் நடந்து கொண்டால், நீராவியானது கோப்பையிலிருந்து வெகு தொலைவில் இருக்-

கும். மேலும் தனித்துவமான நறுமணம் இருக்காது. நீராவியின் வெப்பநிலை காபி-யின் வெப்பநிலையுடன் எந்த தொடர்பும் இல்லாமல் காணப்படும்.

இந்த ஹாக்கிங் கதிரிவீச்சுச் செயல்முறையானது கருந்துளைக்குள் இருப்பதைப் பற்றி எதுவும் தெரிவிக்காது என்று கலிபோர்னியா பல்கலைக்கழகத்தின் ஆண்ட்ரூ ஸ்ட்ரோமிங்கர் கூறுகிறார். அவர் தனது ஆய்வின் பெரும்பகுதியை ஹாக்கிங் கதிர்வீச்சின் புதிரைத் தீர்க்கவும், கருந்துளைகள் ஆவியாதலைப் புரிந்துகொள்ள-வும் செலவிட்டார். கதிர்வீச்சுக்கு கருந்துளைக்குள் என்ன நடக்கிறது என்பது பற்றி எந்த தகவலும் இல்லை என்பதால், அது எந்த தகவலையும் எவ்வாறு வெளிக் கொண்டு செல்ல முடியும்?

பழைய புகைப்படங்களைப் போலவே கருந்துளைகளும் இறுதியில் மங்கிவிடும் என்று ஹாக்கிங் முதலில் சுட்டிக்காட்டியதிலிருந்தே இக்கேள்வி இயற்பியலாளர்க-ளின் மனதில் உள்ளது. ஹாக்கிங்கின் இயற்பியல் பகுத்தறிவு நவீன இயற்பியலின் மிகவும் ஆச்சரியமான கண்டுபிடிப்புகளில் ஒன்றை அடிப்படையாகக் கொண்டது. அதாவது, ஒரு வெற்றிடம் என்பது முற்றிலும் காலியான வெற்றிடமாக இல்லை. ஆனால் அதற்கு பதிலாக மெய்நிகர் துகள்கள் மற்றும் ஆண்டிமேட்டர் துகள் ஜோடிகளின் கடலைக் கொண்டுள்ளது. இந்த துகள்கள் தன்னிச்சையாகஉரு-வாகி அழிகின்றன. ஒன்றுமில்லாமல் இந்த துகள்கள் எவ்வாறு உருவாகின்றன? குவாண்டம் இயக்கவியலின் படி, எந்தவொரு அமைப்போ அல்லது ஒரு வெற்-றிடமோ முற்றிலும் ஆற்றலை இழக்காது. சில நேரங்களில் இந்த ஆற்றல் ஒரு ஜோடி துகள்களாக இணைகிறது. பொதுவாக இந்த மெய்நிகர் துகள்கள் நீண்ட காலமாக நிலைத்திருப்பதில்லை. அவை பரஸ்பரம் ஒன்றையொன்று நிர்மூலமாக்-குகின்றன. அவை குறுகிய நேரத்தில் மீண்டும் ஆற்றலாக மாறுகின்றன. இதன் காரணமாக அவற்றின் ஆற்றலை வெற்றிடத்திற்கு திருப்பிச் செலுத்துகின்றன. இருப்பினும் நீண்ட நேரம் இவை நிலைப்பதில்லை.

ஆனால் அங்கு வெற்றிடத்தைத் தவிர வேறு சில வெளிப்புற ஆற்றல் மூலங்-கள் இருந்தால் - (ஒரு மின்புலம் அல்லது ஒரு சக்திவாய்ந்த ஈர்ப்பு புலம்) மெய்-நிகர் துகள்கள் புலத்தில் இருந்து இப்பிரபஞ்சத்தில் நீடித்திருக்கக்கூடிய போதுமான ஆற்றல் ஊக்கத்தைப் பெறக்கூடும். அதனால் அவை உண்மையான துகள்களா-கின்றன. இயற்பியலின் விதிகளைப்பொறுத்த வரை ஒரு அமைப்பு ஆற்றலைப் பெற்றால், மற்றொரு அமைப்பு அதை இழக்க வேண்டும்.

துகள் ஜோடிகள் ஒரு கருந்துளைக்கு வெளியே உள்ள வெற்றிடத்திலிருந்து வெளியேறும் போது, அவை துளையின் ஈர்ப்பு ஆற்றலின் ஒரு பகுதியைக் கடத்தி வரக்கூடும். கருந்துளையைச் சுற்றியுள்ள வெளியின் ஈர்ப்பு ஆற்றலைப் பயன்ப-டுத்துவதன் மூலம் மெய்நிகர் துகள்கள் உண்மையாகின்றன. இத்தகைய கூடுதல் ஆற்றலுடன், துகள்கள் உடனடியாக குவாண்டம் உட்குடைதல் மூலம் தப்பிக்-

கின்றன. மேலும் உபரியாகப் பெறப்பட்ட ஆற்றல் மெய்நிகர் துகள்களை நிறையுடன் ஊக்குவிப்பது மட்டுமல்லாமல், அவற்றில் வேகத்தை உண்டாக்குகின்றன. இவ்வாறாக உண்மையான துகள்கள் பிறக்கின்றன. இவற்றில் சில கருந்துளையை நோக்கிச் செல்கின்றன. சில துகள்கள் கருந்துளையை விட்டு விலகி நகர்கின்றன. வழக்கமாக கருந்துளை இவ்வகையான இரு துகள்களையும் பிடிக்கிறது. அவற்றின் ஆற்றல் மட்டும் வெறுமனே கருந்துளைக்குத் திரும்புகிறது. இதன் மூலம் கருந்துளையில் இருந்து நிகர ஆற்றல் இழப்பு இல்லை எனக் கருத முடியும். ஆனால் எப்போதாவது, ஹாக்கிங் தெரிவித்தது போல, இவ்வகையான வெற்றிடத்தில் உருவாகிய சில துகள்கள், கருந்துளையின் வெளியே பிறந்தவையாகவும், மீண்டும் கருந்துளைக்குத் திரும்பாத அளவிற்குப் போதுமான ஆற்றலைக் கொண்டுள்ளதாகவும் இருக்கும். மேலும் அவை விண்வெளியில் தப்பிச் செல்வதற்கான சரியான திசையைக் கொண்டுள்ளன. அவை அவற்றின் இணைக் கூட்டுத்துகள்கிளிலிருந்தும் பிரிக்கப்படுகின்றன. இந்த துகள்கள் கருந்துளையிலிருந்து தப்பிக்கும்போது, அவை கருந்துளையின் ஆற்றலை எடுத்துக்கொள்கின்றன. ஐன்ஸ்டீனின் சார்பியல் கோட்பாட்டிலிருந்து, இயற்பியலாளர்கள் நிறையும், ஆற்றலும் ஒன்றோடொன்று மாறக்கூடியவை என்பதை உணர்ந்துள்ளனர். எனவே கருந்துளையின் ஆற்றல் இழப்பானது, நிறை இழப்புக்கு மொழிபெயர்க்கிறது. எனவே கருந்துளை சுருங்குகிறது.

பிரபஞ்சமே நீண்ட காலம் இயங்குகிறது என்று கருதினால், பிரபஞ்சத்தின் இறுதிக்காலத்தில் ஒரு கருந்துளை இறுதியாக மறைந்து போகும்போது கருந்துளையானது உயர் ஆற்றல் கொண்ட ஹாக்கிங் கதிர்வீச்சுக்களை வெளியிடும் என இயற்பியல் கோட்பாட்டாளர்கள் நம்புகிறார்கள் . கதிர்வீச்சின் அளவானது ஈர்ப்பு புலம் எவ்வாறு உருவாகிறது என்பதைப் பொறுத்தது. ஒரு கருந்துளை காலம் மற்றும் வெளியில் மாறுகிறது. கடலில் அலைகள் கடற்கரைக்குத் தூக்கி எறியப்படுவது போல, ஆற்றல் ஏற்ற இறக்கங்கள், மெய்நிகர் துகள்களுக்கு அவை நிலைப்பதற்குத் தேவையான கூடுதல் வீச்சைக் கொடுக்கின்றன. கருந்துளை சிறியதாக ஆக, ஹாக்கிங் கதிர்வீச்சு சீராக அதிகரிக்கிறது; இறுதியில், அது வியத்தகு அளவில் அதிகரிக்கிறது.

உண்மையில், முற்றிலுமாக மறைவதற்கு சற்று முன்பு, ஒரு கருந்துளை அதற்குமேலும் கருப்பாக இருக்காது. அதற்கு பதிலாக அது சுற்றியுள்ள இடத்தை விட மிகவும் வெப்பமாக இருக்கும். மீப்பெரும் ஆற்றலை மிகப்பெரிய விகிதத்தில் கதிர்வீச்சு உருவாக்குகிறது. இறுதி விநாடிக்குச் செல்லும்போது, கருந்துளைக்கு முற்றிலும் மகத்தான சக்தி இருக்கும் என்று இயற்பியலாளர் டான் பேஜ் கூறுகிறார். இது ஒரு குறுகிய நேரத்திற்கு ஒரு சூப்பர்நோவாவைப் போலவே அதிக சக்தியைக் கொண்டிருக்கக்கூடும். சில மதிப்பீடுகள் ஒரு கருந்துளையின் இறுதி வினாடி சந்-

திரனுக்குள் செலவிடப்பட்டால், அது சந்திரனை உடைத்து வீசுவதற்கு போதுமான ஆற்றலைக் கொண்டிருக்கும் என்பதைக் குறிக்கிறது.

ஒரு கருந்துளையின் ஆவியாதல் ஒரு சந்திரனை வீழ்த்த முடியுமா என்பது தொலைதூர எதிர்காலத்திற்கான ஊகமாகவே உள்ளது. ஆனால் தற்போது, கருந்துளை ஆவியாதல் பிரச்சினை ஏற்கனவே இயற்பியல் சமூகத்தை மூன்று தனித்துவமான பிரிவுகளாக மாற்றியுள்ளது. கருந்துளை ஆவியாகும்போது கருந்துளையில் உள்ள தகவல்கள் என்றென்றும் இழக்கப்படுவதாகவும், தகவல் இழப்பை புரிந்து கொள்வதிலுள்ள நம் இயலாமை நவீன இயற்பியலில் ஒரு அடிப்படை குறைபாட்டின் அறிகுறியாகும் என்றும் ஹாக்கிங் உள்ளிட்ட சில இயற்பியலாளர்கள் நம்புகின்றனர். குறைந்த பட்சம் சஸ்கிண்ட் உட்பட பல இயற்பியலாளர்கள் தகவல் கதிர்வீச்சில் எங்காவது பதுங்கியிருப்பதாக நம்புகிறார்கள், அதை எவ்வாறு புரிந்துகொள்வது என்பதை நாம் கண்டுபிடிக்க முடிந்தால் மட்டுமே தகவல்களை மீட்டெடுக்க முடியும். மூன்றாவது குழு ஆவியாக்கப்பட்ட கருந்துளையின் எச்சங்களில் தகவல் பதுக்கி வைக்கப்பட்டுள்ளதாக நம்புகிறது. ஆனால் அவற்றை எப்போதும் அணுக முடியாதது.

"தகவல் இழப்பு ஒரு பெரிய பிரச்சினை என்று நான் நினைக்கவில்லை. குவாண்டம் இயக்கவியலை நாம் மிகவும் பொதுவான முறையில் வகுக்க வேண்டும் என்பதே இதன் பொருள். "என்று ஹாக்கிங் கூறிவந்தார்

மற்ற இயற்பியலாளர்கள் தகவல் இழப்பு என்பது இயற்பியலில் மிகவும் கடுமையான தத்துவார்த்த பிரச்சினை என்று கூறுகிறார்கள். குவாண்டம் இயக்கவியலை மாற்றுவதைப் பொறுத்தவரை, இது ஒரு சிறிய பிரச்சினை தவிர வேறு ஒன்றும் இல்லை; ஹாக்கிங் அவ்வாறு செய்ய முயன்று தோல்வியடைந்தார். தகவல் இழப்பு என்பது பிரபஞ்சம் முழுவதிலும் உள்ள ஒரு நடைமுறை உண்மை என்பதைக் காட்டுவதன் மூலம் அவர் அந்த முரண்பாட்டைச் சசரிசெய்ய முயன்றார். நடைமுறையில் கண்டறிய முடியாத அளவுகளில் மட்டுமே தகவல் அழிக்கப்படலாம் என்று ஹாக்கிங் முன்மொழிந்தார்.இவற்றின் வெளிப்பாடுதான் சிறிய கருந்துளைகள் என்று கணித வரையறைகள் தீர்மானிக்கின்றன.

ஓய்வுபெற்ற பிரின்ஸ்டன் இயற்பியலாளர் ஜான் வீலர் என, கருந்துளை என்ற பெயரை உருவாக்கியவர், ஒரு முறை இதைக் கூறினார்:

"கருந்துளைகளுக்கு முடி இல்லை (ஆங்கிலத்தில் No Hair Theorem) என கருதப்படுகிறது. இதன் பொருள் என்னவென்றால், கருந்துளைகள் விவரிக்க மிகவும் எளிதானது. கருந்துளையின் நிறை, சுழல் மற்றும் வேறு சில அத்தியாவசியங்களை அறிந்தவுடன், அதன் கட்டமைப்புப்பற்றிய புரிதல் தெளிவடைகிறது. அவை நட்சத்திரங்கள், கிரகங்கள் அல்லது அண்டங்களை விட மிகக் குறைவான சிக்கலானவை. மேலும் அவற்றின் எளிமையில் அவை அடிப்படை துகள்களுடன்

ஒத்தவை" என்றார்.

எலக்ட்ரான்கள், ஃபோட்டான்கள் மற்றும் பிற துகள்கள் எப்போதும் வெற்றிடத்திற்கு வெளியேயும் வெளியேயும் குதிப்பதைப் போலவே, குவாண்டம் இயக்கவியலின் விதிகளும் சிறிய கருந்துளைகள் வெற்றிடத்திலிருந்து வெளியேறக்கூடும் என்பதைக் குறிக்கும் என்று ஆண்ட்ரூ ஸ்ட்ரோமிங்கர் கூறுகிறார். இந்த செயல்முறை மிகவும் அரிதாக இருக்க வேண்டும் என்று நம்புவதற்கு நல்ல காரணங்கள் உள்ளன. ஹாக்கிங் சரியாக இருந்தால், ஒரு கப் காபியில் உட்கார்ந்திருக்கும் ஒரு சிறிய கருந்துளை நீராவியாக தப்பிப்பதற்கு முன்பு சில மூலக்கூறுகளை மறைமுகமாக உள்ளிழுக்கக்கூடும்.

1983 ஆம் ஆண்டு வரை, லியோனார்ட் சஸ்கிண்டும் மற்றவர்களும் முரண்பாட்டை சரிசெய்வதற்கான ஹாக்கிங்கின் திட்டத்தை கடுமையாகச் சரிபார்த்துக் கொண்டிருந்தனர். மேலும் அவர்கள் அதில் கடுமையான குறைபாடுகளைக் கண்டனர். தகவல்களை அழிக்கக்கூடிய எதையும் அதே நேரத்தில் ஆற்றல் அழிவின்மையையும் நீக்கிவிடும் என்று சஸ்கிண்ட் கூறுகிறார். ஒரு மோர்ஸ் குறியீடு செய்தியில், எலக்ட்ரான்கள் ஆற்றலையும் தகவலையும் ஒரு கம்பியுடன் கொண்டு செல்கின்றன. ஒரு வைரத்தில், கார்பன் அணுக்களின் தொடர்பு வைரத்திற்கு அதன் வலிமை, பிரகாசம் மற்றும் பிற தெளிவான குணங்களை அளிக்கிறது. இவ்வளவு ஏன் மனிதன் சிந்திக்கக் கூட ரசாயன ஆற்றலின் செலவு தேவைப்படுகிறது.

இன்றுவரை, ஆற்றல் அழிவின்மைக் கொள்கையை மீறாமல் தகவல்களை இழக்கக்கூடிய ஒரு கோட்பாட்டை ஹாக்கிங் உட்பட யாரும் கொண்டு வரவில்லை. உண்மையில், சில இயற்பியலாளர்கள் தகவல் பிரபஞ்சத்திலிருந்து மறைந்துவிட முடியாது என்று சந்தேகிக்கின்றனர். "ஹாக்கிங் கதிர்வீச்சில் மாறுவேடமிட்டு தகவல் திரும்பி வர வாய்ப்புள்ளது என்று நான் நினைக்கிறேன்" என்று புகழ்பெற்ற டச்சு இயற்பியலாளரான ஜெரார்ட் ஹூஃப்ட் கூறுகிறார். தகவல்களை மீட்டெடுப்பது நடைமுறையில் மிகவும் கடினமாக இருக்கும், ஆனால் கொள்கையளவில் அது எளிமையாக இருக்கும். அந்த வகையில், ஒரு கருந்துளை அடிப்படையில் ஒரு வாளியிலுள்ள தண்ணீர் போல வித்தியாசமாக நடந்து கொள்ளாது. நீர் ஆவியாவதற்கு அனுமதிக்கப்பட்டால், தகவல் உண்மையில் தக்கவைக்கப்படுவதாக கருதப்படமாட்டாது. ஆனால் ஒரு தத்துவார்த்த அர்த்தத்தில் தகவல்கள் முற்றும் அழிக்கப்பட்டது எனலாம். அது நீராவித. துகள்களில் மாறுவேடமிட்டு அதை எடுத்துச் செல்கிறது.

இயற்பியலாளர்கள் தடுமாறும் விஷயம் என்னவென்றால், ஹாக்கிங் கதிர்வீச்சு கருந்துளையிலிருந்து வராது, வெளிப்புறத்திலிருந்து வருகிறது. எனவே, ஸ்ட்ரோமிங்கர் கேட்பது போல, அதில் எந்த தகவலும் எப்படி இருக்கும்? கருந்துளைக்

கதிர்வீச்சு பற்றிய ஹாக்கிங்கின் கோட்பாடு முழுமையடையாது என்று ஹூஃப்ட் கூறுகிறார். மிகவும் கடினமான சிக்கலைக் கையாள்வதில், ஹாக்கிங் தவிர்க்க முடியாமல் தனது கணக்கீடுகளின் பகுதிகளை எளிமையாக்க வேண்டிய கட்டாயம் ஏற்பட்டது. குறிப்பாக, துளைக்குள் விழும் பொருள் மற்றும் தப்பிக்கும் ஹாக்கிங் கதிர்வீச்சுக்கு இடையிலான சாத்தியமான தொடர்புகளை ஹாக்கிங் புறக்கணித்-தார்.

பின்வருவது ஹாக்கிங் உருவாக்கிய கருதுகோளாகும். கருந்துளையால் எத்-தனை துகள்கள் வெளியேற்றப்படுகின்றன என்பதைக் கணக்கிடும்போது, இந்த துகள்கள் ஒன்றோடு ஒன்று தொடர்பு கொள்கின்றன என்பது புறக்கணிக்கப்படுகி-றது. மேலும், மிகவும் முக்கியமாக, அவை கருந்துளைக்குள் விழும் துகள்களுடன் தொடர்பு கொள்ளக்கூடும் என்பதையும் நாம் புறக்கணிக்கிறோம். ஆனால் ஹாக்-கிங் கதிர்வீச்சு பொருள்களுடன் தொடர்புகொள்கிறது என்பதை கோட்பாட்டாளர்-கள் காட்ட முடிந்தால் ஒரு கருந்துளைக்குள் விழுந்து, அந்த இடைவினைகள் பற்றிய தகவல்களை மீண்டும் வெளியில் கொண்டுசெல்கிறது என்று புரிந்துகொள்ள முடியும்.

தகவலை இழக்க வேண்டிய அவசியமில்லை என்பதால் அதனை மீட்டெடுக்க வேண்டிய அவசியமில்லை என்று ஸ்ட்ரோமிங்கர் நம்புகிறார். அதற்கு பதிலாக, அதை எப்போதும் நீட்டித்து வைத்திருக்கும் வகையில் பாதுகாக்க முடியும் எனவும் கூறுகிறார்.

ஒரு கருந்துளையின் அழிவை அதன் அனைத்து குழப்பமான சிக்கல்களிலும் மாதிரியாகக் காட்ட முயற்சிப்பதற்குப் பதிலாக, இயற்பியலாளர்கள் இரு பரிமாண மாதிரியைக் கொண்டு வந்தனர். அதில் பல அத்தியாவசிய அம்சங்கள் இருந்தன. இந்த வழியில் ஒரு சிக்கலை சிறு அளவுக்குக் குறைப்பது ஒருசாதகமான தீர்வை நோக்கிய முதல் படியாக கோட்பாட்டாளர்களிடையே ஒரு பொதுவான உத்தியாக-வும் இருந்தது. இது தொழில்நுட்ப ரீதியாக மிகவும் கடினமான பிரச்சினை என்ப-தால் அதை விவரிக்கும் சமன்பாடுகளை உண்மையில் விவரித்து எழுத முடியாது. இயற்பியலாளர்கள் சமன்பாடுகள் இல்லாமல் மிகச் சிறப்பாக செயல்படுவதில்லை.

இரு பரிமாண மாதிரியில், ஸ்ட்ரோமிங்கரும் அவரது சகாக்களும் ஒரு கட்-டத்தில் ஒரு கருந்துளை ஆவியாகிவிடுவதை நிறுத்தக்கூடும் என்று கருதினர். இந்த அனுமானம் முற்றிலும் தன்னிச்சையானது அல்ல. இறுதியில், ஸ்ட்ரோமிங்-கர் கூறுகிறார், கருந்துளையானது இயற்பியலின் விதிகளின் மூலம் புரிந்துகொள்ள முடியாத அளவுக்குச் சுருங்குகிறது. கருந்துளை இறுதியாக மறைந்து போகும் வரை தொடர்ந்து ஆவியாகிவிடும் என்றாலும், இயற்பியலாளர்கள் ஒரு மாற்று முடிவை ஆராய விரும்பினர்.

இயற்பியலாளர்கள் எச்சம் என்று அழைக்கும் இந்த நிலையான குறுங்கருந்துளை ஒரு புரோட்டானை விடச் சிறியதாக இருக்கும். ஆனால் அவை சுமார் 10 பில்லியன்-பில்லியன் மடங்கு நிறைகொண்டதாக இருக்கும். அசல் கருந்துளைக்குள் விழுந்த எல்லாவற்றின் எச்சங்களும் மிகவும் அடர்த்தியான, சுருக்கப்பட்ட வடிவத்தில் இந்த சிறிய குறுங்கருந்துளைக்குள் இருக்கும். ஆனால் உண்மை என்னவென்றால், இந்த பொருளை யாரும் அணுக முடியாது மற்றும் அதன் கடந்த காலத்தை மறுகட்டமைக்க முடியாது.

எனினும் இந்த தத்துவத்திற்கு எதிர்ப்புகள் இருக்கத்தான் செய்கின்றன. எதிர்ப்பின் முக்கிய ஆதாரங்களில் ஒன்று, இருவேறு கருந்துளைகள் வாயு, கதிர்வீச்சு மற்றும் நட்சத்திரங்களின் ஒரே விஷயங்களை ஒரே மாதிரியாக உட்கொள்வதில்லை என்பதால், ஒவ்வொரு கருந்துளையும் அதன் தனித்துவமான எச்சத்தை விட்டுச்செல்லும். குவாண்டம் இயக்கவியலின் விதிகள் இந்த சப்மிக்ரோஸ்கோபிக் எச்சங்கள் கூட வெற்றிடத்திலிருந்து வெளியேறக்கூடும் என்று கூறுகின்றன. எண்ணற்ற வகையான எச்சங்களில் உள்ள சிக்கல் என்னவென்றால், அவை வெற்றிடத்திலிருந்து வெளியேறும் நிகழ்தகவும் எல்லையற்றதாகிவிடும். எனவே அவை எல்லா இடங்களிலும், எல்லா நேரங்களிலும் உருவாகக் கூடும். பிரபஞ்சத்தின் ஆரம்ப கட்டங்களில் பெரும்பாலும் சாதாரண அடிப்படை துகள்களை உருவாக்குவதற்கு பதிலாக, பிரபஞ்சம் பெரும்பாலும் இத்தகைய எச்சங்களை உருவாக்கியிருக்கும். எச்சங்கள் அனைத்தும் ஒரே மறுக்கமுடியாத நிறையையும் அளவையும் கொண்டிருக்கின்றன.

இப்போது நமக்கு உண்மையிலேயே விடை தெரியாத கேள்விகளில் சிக்கிக் கொண்டிருக்கிறோம். தகவல்கள் என்றென்றும் இழந்து போவதற்கும் அல்லது மீதமுள்ளவற்றில் சேமிக்கப்படுவதற்கும் இடையே அதிக வித்தியாசத்தைக் காண முடிவதில்லை என்று ஸ்ட்ரோமிங்கர் கூறுகிறார். இதுபோன்று தகவல்களை முற்றிலும் இழக்கக்கூடிய சூழலில் இயற்பியலை எவ்வாறு புரிந்துகொள்வது? அவை இப்போது நமக்கு புரியாத கேள்விகளாக உள்ளது. ஹாக்கிங் முதலில் பரிந்துரைத்தபடி, இதற்காக ஒரு புதிய கோட்பாட்டை உருவாக்க வேண்டியதில்லை, அதில் தகவல் எப்படியாவது ஒரு அடிப்படை வழியில் இழக்கப்படுகிறது. ஆனால் தகவல் மறைந்துவிடவில்லை. ஐன்ஸ்டீனிலிருந்து ஒவ்வொரு இயற்பியலாளரும் அடைய முயன்ற ஒரு இலக்கான குவாண்டம் இயக்கவியல் மற்றும் பொது சார்பியல் ஆகியவற்றை ஒன்றிணைத்தத் தத்துவத்தை அடையும் வரை தகவல் இழப்புப் பிரச்சினை தீர்க்கப்படாது என்ற எண்ணம் பலருக்கு உள்ளது. எனவே இந்த சிக்கலைப் பற்றி சிந்திப்பதன் மூலமும், அதை வரிசைப்படுத்துவதன் மூலமும், ஈர்ப்பு விசையின் குவாண்டம் கோட்பாட்டை வகுப்பதில் முன்னேற்றம் காண்பதற்கான வழிகளைக் காணலாம்.

ஹாக்கிங் கதிர்வீச்சுசாதாரணமானதாக இருந்தால், கருந்துளைக்குள் சென்ற பொருள்களை மறுகட்டமைக்க முடியாது என்று விஞ்ஞானி ஃபிராங்க் வில்கெக் கூறுகிறார். எதிர்காலத்திற்கும் கடந்த காலத்திற்கும் இடையே ஒரு தனித்துவமான தொடர்பு இருப்பதாக இயற்பியலின் மிகவும் அடிப்படைக் கொள்கைகள் கூறு-கின்றன. எதிர்காலத்திற்கும் கடந்த காலத்திற்கும் இடையில் ஒரு தனித்துவமான தொடர்பு இல்லாவிட்டால், இது விஞ்ஞானத்தின் முழு தத்துவத்திற்கும் மிக அடிப்-படையான சிக்கலாக இருக்கும்.

இப்போதைக்கு, இயற்பியலாளர்கள் தற்போதைய கோட்பாடுகளை எவ்வளவு திருத்த வேண்டும் என்பதைப் பற்றி தொடர்ந்துவாதிடுவார்கள்.இப்பிரச்சினையைத் தீர்ப்பதில் நமக்கு உண்மையில் பதில் கிடைக்கும் வரை எப்போதும் அதன் தீர்வு-கள் நீண்ட வழியாகத்தான் இருக்கும் என்று ஹாக்கிங் கூறுகிறார்.

11

கருந்துளைக்குப் பின்னால் ஒரு கண்ணாமூச்சி விளையாட்டு

இங்கு ஒரு கற்பனையான சூழ்நிலையை ஆராய்ச்சிக்கு எடுத்துக் கொள்ளலாம். ராம் மற்றும் அவனது நண்பர் முகில் இருவரும் தனித்தனி விண்வெளிக் கப்பல்களில் ஏறித் தொலைதூரத்தில் உள்ள ஒரு நட்சத்திர கூட்டத்திற்குச் செல்வதற்குப் பயணிக்கின்றனர். அவ்வாறு செல்லும்போது ராம் அவனது நண்பன் முகிலுக்கு சிறிது கண்ணாமூச்சி விளையாட்டு காட்ட நினைக்கிறார். அதாவது அவர்கள் சென்று கொண்டிருக்கும் போது சிறிது நேரம் முகிலை விட்டு தள்ளி மாயமாக மறைந்து நிற்க திட்டமிடுகிறார் ராம். இதற்காக தேர்ந்தெடுத்தது ஒரு கருந்துளையை. ராமின் மனதில் உதித்த திட்டம் என்னவென்றால், கருந்துளையானது அதை நோக்கி வரும் அனைத்துப் பொருட்களையும் உள்ளிழுத்துக் கொள்வது போல், அதிலிருந்து எந்த ஒளியையும் வெளியிடாதது போல், தாமும் கருந்துளையின் பின்னால் ஒளிந்து கொண்டால் தன்னில் இருந்து வரும் ஒளியைக் கருந்துளையானது வெளிவிடாது என்பதை ஒரு கணக்கீடாகக் கொண்டு கருந்துளைக்குப் பின்னால் ஒளிந்து கொள்கிறான். ஆயினும் முகில், ராமின் இருப்பிடத்தை வெகுதொலைவிலிருந்து மிகச் சரியாக கணித்து அவனை அடைந்துவிடுகிறான். இதற்கு என்ன காரணம்? எவ்வாறு இது சாத்தியம்? என்பதை இந்த அத்தியாயத்தில் காணலாம். மேலும் SageMath என்ற கணினி மென்பொருள் மூலம்

வரையப்பட்ட படத்தினையும் மற்றும் சமீபத்தில் படம்பிடிக்கப்பட்ட கருந்துளையின் படத்தினையும் இந்த அத்தியாயத்தில் காணலாம்.

கருந்துளைகள் என்பவை சார்பியல் தத்துவத்தின் சமன்பாடுகளின் ஆய்வுக்கூடம் என்றே சொல்லலாம். கருந்துளையானது மிக அதிகமான ஈர்ப்பு வலிமையுடன் இருப்பதாலும், பிரபஞ்சத்தில் மற்றெந்தப் பொருட்களை விடவும் மிக அதிகமாக காலவெளியை வளைப்பதாலும், கருந்துளையானது ஆய்வாளர்களுக்கு எப்போதும் புதிராகவும் மற்றும் பல புதிய ஆய்வு முடிவுகளுக்கு வித்தாகவும் அமைகிறது. நியூட்டன் அவரது ஆய்வு முடிவுகளின்படி ஈர்ப்பு விசை என்பது, இரு பொருள்களுக்கு இடையே உள்ள விசை என்று தெரிவித்திருந்தார். பின்னாட்களில் இத்தத்துவத்தை ஐன்ஸ்டைன் தனது மாறுபட்ட ஈர்ப்பு விதிகளால் மாறுதல் செய்தார். ஒரு பொருளின் ஈர்ப்பு என்பது, அப்பொருள் அதைச் சுற்றியுள்ள காலவெளியை எவ்வளவு தூரம் வளைக்கும் என்பதைப் பொறுத்து முடிவு செய்யப்படுகிறது. அதிக நிறையுள்ள பொருள் அதைச் சுற்றிய காலவெளியை மிக அதிகமாகவும், குறைவான நிறையுள்ள பொருள் அதைச் சுற்றியுள்ள காலவெளியைக் குறைவாகவும் வளைக்கிறது. பொதுவாக காலவெளியின் வளைவே ஈர்ப்பின் தத்துவம் என்று புரிந்து கொள்ள முடியும்.

கருந்துளைகளும் சுவார்ட்ஸ்சைல்டு ஆரமும்

கருந்துளைகள் பொதுவாக மிகவும் அதிகமான ஈர்ப்பின் வலிமையைக் கொண்டதாக இருக்கும். எரிந்து முடிந்த ஒரு நட்சத்திரத்தின் ஆரமானது சுவார்ட்ஸ்சைல்டு ஆரம் அளவிற்குச் சுருங்கும் போது, அந்நட்சத்திரமானது கருந்துளையாக மாறிவிடுகிறது. சுவார்ட்ஸ்சைல்டு ஆரம் என்பது அந்த நட்சத்திரத்தில் நிறைக்கு நேர்த்தகவில் இருக்கும். இதைக் கீழ்வரும் சமன்பாட்டின் மூலம் பெறலாம்.

$$R= 2MG/c^2$$

சமன்பாட்டில் கண்ட ஆரத்தின் அளவு, வெவ்வேறு நிறை கொண்ட கொண்ட பொருட்களுக்கு வெவ்வேறு அளவில் மாறுபடும். உதாரணமாக ,

1.சூரியன் - 3 கிலோமீட்டர்

2. பூமி - 8.7 மில்லி மீட்டர்

3. சந்திரன் - 0.11 மில்லி மீட்டர்

4. வியாழன் - 2.2 மீட்டர்

5. நியூட்ரான் நட்சத்திரம் - 4.2 கிலோமீட்டர்

இங்கு குறிப்பிடப்பட்டுள்ளவை, வெவ்வேறு வானியல் பொருட்களுக்கான சுவார்ட்ஸ்சைல்டு ஆரம் ஆகும். அதாவது இந்த ஆரத்தின் அளவிற்கு அப்பொருட்கள் சுருங்கும் போது அவை கருந்துளைகளாக மாறிவிடும். சுவார்ட்ஸ்சைல்டு ஆரத்திற்குக் கீழ் உருவாகும் கருந்துளை மிக அதிகமான ஈர்ப்பின் வலி-

மையுடனும், அதில் விழும் எந்த ஒரு பொருளையும் அதிலிருந்து தப்ப விடாத அளவுக்கு ஈர்ப்பின் வலிமையுடன் காணப்படும். மிக வேகமாகச் செல்லும் ஒளி கூட இக்கருந்துளையின் ஈர்ப்பு எல்லைக்குள் சென்று விட்ட பிறகு மறுபடி வெளியே தப்பிச் செல்ல முடியாது.

ஈர்ப்பு — காலவெளியின் வளைவு

கருந்துளைகள் அதிகமான நிறையினைக் கொண்டிருப்பதனால் இவை காலவெளியை மிக அதிகமாக வளைக்கின்றன. இதைச் சுற்றி வரும் எப்பொருளும் அதிக முடுக்கத்துடன் இருந்தால் மட்டுமே இதன் ஈர்ப்பு விசைக்குள் விழுந்துவிடாமல் தப்பியோட முடியும். நமக்கு தெரிந்த மிக அதிகமான வேகமுள்ள இயக்கமான ஒளியானது கருந்துளையைச் சுற்றி வளைந்து செல்கிறது. இவ்வாறு ஒளியானது கருந்துளையைச் சுற்றி வளைந்து செல்வது ஈர்ப்பு ஆடி விளைவு (Gravitational Lensing Effect) என வரையறுக்கப்படுகிறது . மேலும் ஒளியானது கருந்துளையைச் சுற்றி வரும்போது ஒரு வளையம் போன்ற அமைப்பினை அங்கு உருவாக்குகிறது. இவ்வாறு உருவாக்கப்படும் அமைப்பு ஐன்ஸ்டைன் வளையம் எனவும் அழைக்கப்படுகிறது. சுவார்ட்ஸ்சைல்டு ஆரத்திலிருந்து மும்மடங்கு தொலைவு வரையான தொலைவை (3 R_s) மிகக் குறைந்த தொலைவாகக் கொண்டு, கருந்துளையின் அருகில் ஒரு பொருளானது அதன் ஈர்ப்பினால் பிடிக்கப்படாமல் தப்பிச் செல்ல முடியும். இத்தொலைவுக்குக் குறைவாக செல்லும் பொருளானது கருந்துளையின் ஈர்ப்பு விசையினால் பாதிக்கப்பட்டுக. கருந்துளைக்குள் செல்லத் துவங்கி விடும். ஒளிக்கு இந்த மிகக்குறைந்த தொலைவானது சுவார்ட்ஸ்சைல்டு ஆரத்தில் ஒன்றரை மடங்குத் (1.5 R_s) தொலைவாக அமையும். ஒன்றுக்கொன்று இணையாக செல்லும் ஒளிக்கற்றைகள் 2.6 மடங்கு சுவார்ட்ஸ்சைல்டு ஆரத்தொலைவை (2.6 R_s) அடையும்போது அவை ஐன்ஸ்டீன் வளையங்களை உருவாக்குகின்றன .

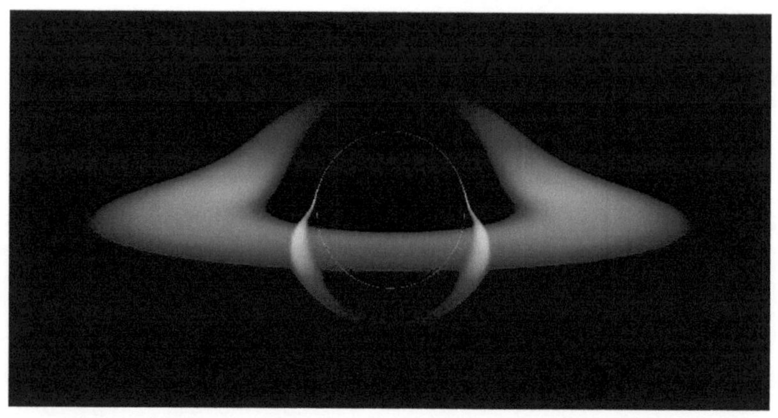

படம் : SageMath என்ற கணினி மென்பொருள் மூலம் உருவாக்கப்பட்ட கருந்துளையைச் சுற்றி கால வெளியானது அமைந்திருக்கும் படம்

இப்படத்தில் கருந்துளையானது ஒளியினை வளைப்பதைக் காட்டுகிறது. அதாவது கருந்துளையை நோக்கி வரும் போட்டான்களானவை கருந்துளையைச் சுற்றி ஒரு வளைவானப் பாதையில் பயணிக்கிறது. இவ்வாறாக ஒளி வளைந்து செல்வது கருந்துளையைச் சுற்றி ஒரு வளையம் போன்ற அமைப்பாகக் காணப்படுகிறது. இப்படமானது SageMath என்ற கணினி மென்பொருள் மூலம் உருவாக்கப்பட்டது. இப்படம் உருவாக்குவதற்குப், பின்னணியில் மென்பொருளில் கணக்கீடுகள் பயன்படுத்தப்பட்டுள்ளன.

சமீபத்தில் வெளியான கருந்துளையில் முதல் புகைப்படமும் இதே போன்றவொரு அமைப்பை வெளிப்படுத்துகிறது. விளம்பி ஆண்டு பங்குனி மாதம் 27ஆம் தேதி (10-4-2019) இந்த அரிய சாதனையானது சாத்தியமானது. இவ்வாறு உருவாக்கியுள்ள நிழலானது கிட்டத்தட்ட நமது சூரிய குடும்பத்தை விட மிகப் பெரியதாக இருப்பதாகவும் படம் காட்டுகிறது. M87 நட்சத்திர தொகுப்பில் இக்கருந்துளையானது படம் பிடிக்கப்பட்டுள்ளது. கருந்துளை Event Horizon Telescope என்ற தொலைநோக்கி அமைப்பின் கூட்டு முயற்சியால் படம் பிடிக்கப்பட்டுள்ளது. பூமியின் வெவ்வேறு இடங்களில் அமைக்கப்பட்டுள்ள 8 பெரிய தொலைநோக்கிகளின் உதவியுடன் இத்தரவுகள் பெறப்பட்டு ஆராய்ச்சியின் முடிவு உருவாக்கப்பட்டுள்ளது. உண்மையில் இந்த படமானது கருந்துளையின் நிகழ்வு எல்லையினை வெளிப்படுத்துகிறது.

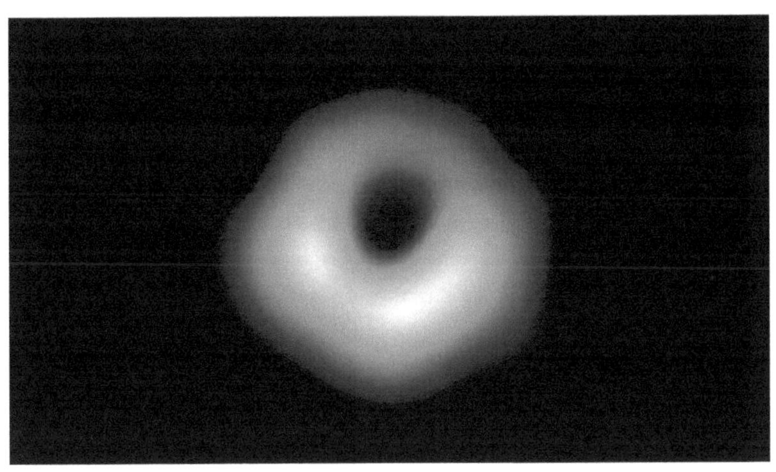

படம் M87 என்ற நட்சத்திரத் தொகுதியில் நடுவே உள்ள கருந்துளை.

6.5 பில்லியன் மடங்கு சூரியனை விட மிக அதிக நிறை கொண்டதாக இக்கருந்துளை உள்ளது. இவ்வாறு தொலைவுகளைக் கணக்கிடும்போது கருந்து-ளையைச் சுற்றி வரும் ஒளியானது சார்பியல் தத்துவத்தின் விதிகளின்படி சில நுணுக்கமான இயக்க அமைப்புகளுக்குள் சென்றுவிடுகிறது. சுவார்ட்ஸ்சைல்டு ஆரத்தொலைவின் ஒன்றரை மடங்கு ஆரத்தினை விடச் சற்று அதிகமான தொலைவில் செல்லும்போது, ஒளியானது கருந்துளையை எப்போதும் சுற்றி வர ஆரம்பிக்கிறது.

கருந்துளைக்குப் பின்னால் - கற்பனைச் சூழல்

இந்தத் தத்துவங்களை நாம் இக்கட்டுரையின் ஆரம்பத்தில் பார்த்த கற்பனையான சூழலுக்குப் பயன்படுத்திப் பார்ப்போம். அதாவது வெகு தூரம் காலவெளியில் பயணம் செய்யும் ஒரு பயணத்தில், கருந்துளை ஒன்றனருகில் வரும் இரு நண்-பர்களில் ஒருவர் கருந்துளைக்குப் பின்னால் ஒளிந்து கொள்ளத் திட்டமிடுகிறார். கருந்துளையின் ஈர்ப்பு விசைக்குள் அகப்படாதவொரு பாதுகாப்பானத் தொலை-வில் ராம் தனது விண்கலத்தை மாறாத முடுக்கத்துடன் செலுத்துகிறார். இக்க-ருந்துளையின் எதிர்ப்பக்கத்தில் முகில் மாறாத முடுக்கத்துடன் தனது விண்கலத்-தைச் செலுத்திக் கொண்டிருக்கிறார். இப்போது கேள்வி என்னவெனில் முகிலின் பார்வையிலிருந்து ராம் முற்றிலுமாக மறைக்கப்பட்டு விடுவாரா என்பதே. ஏனெ-

னில் கருந்துளையானது ஒளியை முற்றிலுமாக உள்வாங்கி கொள்ளும். ஆனால் இக்கேள்விக்கு மாறுபட்டப் பதில்களை சார்பியல் தத்துவம் முன்வைக்கிறது. ராம், முகிலின் பார்வையில் இருந்து மறைய முகிலுக்கு எதிர்ப்பக்கத்தில் கருந்து-ளைக்குப் பின்னால் ஒளிந்து கொள்கிறார். ராமின் விண்கலத்திலிருந்து வரும் ஒளியானது கருந்துளையின் நிகழ்வெல்லையின் அருகில் குறுகிய தொலைவில் வளைந்து, கருந்துளையின் மறுபக்கத்தை வந்து சேரும். இவ்வாறு வரும் ஒளியா-னது ராமிற்குக் கிடைத்துவிடும். எனவே கருந்துளையின் பின்னால் ஒளிந்துள்ள முகிலை ராம் எளிதாக அடையாளம் கண்டு கொள்வார். எனவே கருந்துளைக்குப் பின்னால் ஒளிந்து கொள்ளும் திட்டமானது தோல்வியினையே தழுவும்.

இந்த நிகழ்விற்குக் காரணம் கருந்துளையானது அதைச் சுற்றியுள்ள காலவெ-ளியை மிக அதிகமாக வளைப்பதேயாகும். அதிக நிறை கொண்ட கருந்துளையா-னது மிக அதிகமாக காலவெளியை வளைக்கிறது. இதன் காரணமாக ஒளியானது அக்கருந்துளையைச் சுற்றிச் செல்லும். சமீபத்தில் கிடைத்த கருந்துளையின் முதல் படமும் இவ்வகையான நிகழ்வை உறுதி செய்கிறது. இவற்றின் மூலம் கருந்து-ளைக்குப் பின்னால் ஓர் கற்பனையான கண்ணாமூச்சி ஆட்டம் ஆடும் போது விளையாட்டில் உள்ளவர்களுக்கு தோல்வியே கிடைக்கும் என்று புரிந்து கொள்ள முடிகிறது.

(இந்த கட்டுரை வல்லமை இதழில் வெளிவந்தது)

12

சமீபத்தில் வெளியான கருந்துளையின் படமும்-அதன் விளக்கமும்

சமீபத்தில் வெளியிடப்பட்டுள்ள கருந்துளையின் படத்தை எவ்வாறு புரிந்து கொள்வது என்பது பற்றிய அறிவியல் விளக்கத்தை இந்த அத்தியாயத்தில் காணலாம். கருந்துளையின் படம் என்பதைப் புரிந்துகொள்ள சில அடிப்படைக் கணிதவியல் நுட்பங்களைப் புரிந்து கொண்டாலே போதுமானது.

கருந்துளையின் படத்தினைப் புரிந்துகொள்ள, கருந்துளையின் அமைப்பைப் புரிந்து கொள்வது அவசியமாகிறது. கீழ்க்காணும் அறிவியல் மற்றும் கலைச் சொற்கள் பற்றிய அடிப்படைத் தகவல்களைத் தெரிந்து கொண்டால் கருந்துளைகளைப் பற்றிய தகவல்களைப் புரிந்து கொள்வது எளிதாக அமையும்.

சுவார்ட்ஸ்சைல்டு ஆரம் (Schwarzchild radius)

பொதுவாகக் கருந்துளைகள் என்பது மிக அதிகமான ஈர்ப்பு விசையைக் கொண்டதாகவும், ஒளி கூட அதில் இருந்து தப்பிச்செல்ல முடியாத அளவுக்கு ஈர்ப்பின் வலிமை கொண்டதாகவும் இருக்கும். சுவார்ட்ஸ்சைல்டு ஆரம் என்பது ஒரு கருந்துளை உருவாதலில் முக்கியமான கணித அமைப்பாகும். கருந்துளையானது உருவாகும்போது இந்த ஆரமானது மிக முக்கியப் பங்கினை வகிக்கிறது. கருந்துளையானது பொதுவாக ஒரு ஈர்ப்புப் பொருள் ஈர்ப்பின் விளைவாகத் தானே வீழ்ச்சியடைவதால் உருவாகிறது. ஈர்ப்பின் பெருவீழ்ச்சி என்று இந்நிகழ்வானது

விவரிக்கப்படுகிறது. இவ்வகையான ஈர்ப்பின் வீழ்ச்சி உருவாவதற்கு அப்பொருளானது ஒரு குறித்த அளவிலான மிகச்சிறிய ஆரத்திற்கு வரவேண்டும். இவ்வகையான மிகச்சிறிய ஆரம் சுவார்ட்ஸ்சைல்டு ஆரம் என வரையறுக்கப்படுகிறது. பொதுவாக ஒரு பொருளானது ஈர்ப்பின் வலிமையின் விளைவாக சுருங்கும்போது பொருளில் ஆரமானது சுருங்க ஆரம்பிக்கும். இவ்வாறு சுருங்கி வரும் ஆரமானது மிகச்சிறிய அளவிலான சுவார்ட்ஸ்சைல்டு ஆரத்திற்கு வரும்போது அப்பொருளானது ஈர்ப்பினால் மிக வலிமையாக வீழ்ச்சி பெறப்பட்டுக் கருந்துளையாக மாறி விடுகிறது. இந்த ஆரமானது அப்பொருளின் நிறைக்கு நேர்த்தகவில் இருக்கும்.

(r= 2MG). இந்த ஆரத்தினை அடையும் பொருளானது கருந்துளையின் உள்ளே ஈர்த்து இழுக்கப்பட்டுவிடும். இத்தொலைவைக் கடந்து செல்லும் எப்பொருளும்,மீண்டும் கருந்துளையில் இருந்து வெளியே வர முடியாது.

1.

க்ரூஸ்கல் ஒருங்களவு(Kruzkal coordinate)

க்ரூஸ்கல் ஒருங்களவானது ஒரு கருந்துளையின் இருப்பு அமைப்பைப் பற்றி அறிந்துகொள்ள உதவுகிறது. இவ்வொருங்களவு ஒரு அதிபரவளைய ஒருங்களவாக(Hyperbolic Coordinate) அமைந்துள்ளது. இவற்றில் கிடைமட்டத்தில் வெளி அச்சும், செங்குத்தாகக் கால அச்சும் அமைந்துள்ளது. க்ரூஸ்கல் ஒருங்களவானது காலம் மற்றும் வெளியை ஒரு கணித வரைபடம் மூலமாக இணைக்கிறது.

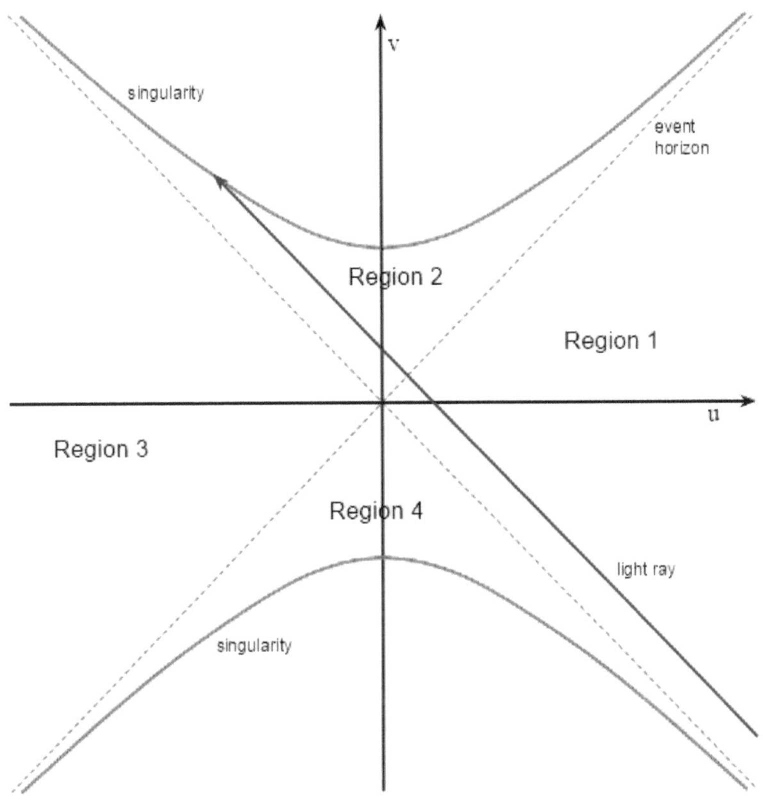

படம் : க்ரூஸ்கல் அச்சு

இவற்றை நான்கு பகுதிகளாகப் பிரிக்கலாம். கடிகாரத்தில் எதிர்த்திசையில் சுற்றும் வட்டம் போன்ற வரிசையில், இவ்வரைபடத்தில் முதல் பகுதியில் இருப்பது நாம் வாழும் வெளி ஆகும். இவ்வெளியில் மாறிலியான தூரத்தையும் மற்றும் மாறிலியான நேரத்தையும் இணைக்க முடியும். தொடர்ச்சியான முடுக்கத்தில் இருக்கும் ஒரு பொருளானது மாறிலியான தொலைவினைப் பெற்றிருக்கும். அதாவது அதிக முடுக்கத்தில் உள்ள ஒரு பொருளானது இந்த கருந்துளைக்கு உள்ளே விழாமல் கருந்துளையைச் சுற்றி வரும் என்பது தெளிவாகிறது. இந்த அமைப்பில் இரண்டாவது பகுதி என்பது கருந்துளையின் உட்பகுதி ஆகும். இந்த இரண்டாவது பகுதியையும் முதல் பகுதியையும் இணைக்கும் ஒரு 45 பாகை அளவிலான கோடு நிகழ்வு எல்லை என அழைக்கப்படுகிறது. இந்த நிகழ்வு எல்லையே கருந்-

துளையைக் காலவெளியில் இருந்து பிரித்து வைக்கிறது. மேலும் கருந்துளைக்கு உள்ளே இருக்கக்கூடிய ஒரே ஒரு அச்சு என்பது கால அச்சு மட்டுமே. அங்கு எந்தப் பொருளும் காலத்தில் பயணம் செய்கிறது. வெளியில் பயணம் செய்வ-தில்லை. இவ்வாறு கருந்துளைக்கு உள்ளே விழும் பொருளானது, ஒரு குறிப்பிட்ட நேரத்திற்குப் பிறகு அது கருந்துளையின் முடிவுப் புள்ளியைச் சந்திக்கிறது. இப்-புள்ளியைக் கடக்கும் எந்தப் பொருளும் முற்றிலுமாக சிதைக்கப்படுகிறது. மேலும் கருந்துளையின் உள்ளே விழும் பொருள் நிகழ்வெல்லையைக் கடந்த பிறகும் அது தனது இயல்பில் எந்தவிதமான மாற்றமும் பெறாமலேயே இருக்கிறது. இதைத்தான் ஸ்டான்ஃபோர்ட் பல்கலைக்கழகத்தை சேர்ந்த இயற்பியலாளர் லியோனார்டு சஸ்-கின்ட் "கருந்துளையின் உள்ளே விடும் பொருள் எந்த விதமான சிறப்பு அறிகுறி-களையும் அடைவது இல்லை" என்கிறார்.

இந்த அச்சில் மூன்றாவதாக இருப்பது, இன்னொரு கால-வெளி சார்ந்த அச்-சாக இருந்தாலும் அவை இன்னொரு சம பிரபஞ்சமாக இருக்கும் என்று கரு-தப்படுகிறது. தொன்மை இயக்கவியலில் இவ்வச்சானது இருப்பது நிரூபிக்கப்பட-வில்லை. குரூஸ்கல் அமைப்பில் நான்காவதாக வருவது இறந்தகாலக் கருந்துளை அமைப்பு. அதாவது காலத்தில் பின்னோக்கிய கருந்துளை அமைப்பு. இவ்வகை-யான அமைப்பு இருப்பது உறுதி செய்யப்படவில்லை. எனினும் இறந்தகாலம் என்-பது இருப்பது உறுதியாக இருப்பதால் கடந்த கால கருந்துளை அமைப்பாக இது இருக்கும் என ஆய்வாளர்கள் கூறுகின்றனர்.

காலவெளியின் வளைவும் ஐன்ஸ்டைன் வளையமும்

நியூட்டனின் இயக்கவியல் விதிகளின் படி ஈர்ப்பு ஆற்றல் என்பது இரு பொருள்-களுக்கு இடையே உள்ள விசையையே குறித்தது. பின்னாட்களில் ஐன்ஸ்டைன் அதே தத்துவத்தை சிறிது மாறுதலுக்கு உள்ளாக்கினார். ஐன்ஸ்டைன் தனது இயக்க விதிகளின் படி ஈர்ப்பு என்பது, காலவெளியை ஒரு பொருளானது எவ்-வளவு வளைக்கிறது என்பதையே குறிக்கும் என்று மாறுதல் செய்தார். அதாவது ஈர்ப்பு ஆற்றல் என்பது கால வெளியில் வளைவின் விளைவாகவே இருக்கும் என்பதை ஐன்ஸ்டைன் தனது கணக்கீடுகளின் மூலம் உறுதி செய்தார். இதன் மூலம் அதிக நிறை உள்ள பொருட்கள் அதிக அளவு காலவெளியை வளைக்-கும் என்பது தெளிவாகிறது. நட்சத்திரங்களுடன் ஒப்பிடுகையில் கருந்துளையானது மிக அதிக நிறை கொண்டதாகவே இருக்கிறது. எனவே கருந்துளைகள் காலவெ-ளியை மிக அதிகமாகவே வளைக்கின்றன. இவ்வாறு கருந்துளைகள் காலவெ-ளியை வளைப்பதால் கருந்துளைக்கு அருகில் வரும் ஒளியும் அக்கால வெளி-

யில் வளைந்து செல்கிறது. மேலும் இவ்வளைவானது கருந்துளையைச் சுற்றி ஒரு வட்டமான காலவெளி அமைப்பு உருவாகி விடுவதால் கருந்துளையை ஒளியானது சுற்றிவருகிறது. இவ்வாறு சுற்றி வரும் ஒளியானது கருந்துளையைச் சுற்றி ஒரு ஒளிவளையம் போன்ற அமைப்பை உருவாக்கி விடுகிறது. இது ஐன்ஸ்டைன் வளையம் என அழைக்கப்படுகிறது. இவ்வாறு ஒளியானது வளைந்து செல்லும் செயல்முறை ஈர்ப்பு ஆடி விளைவு என விளக்கப்படுகிறது.

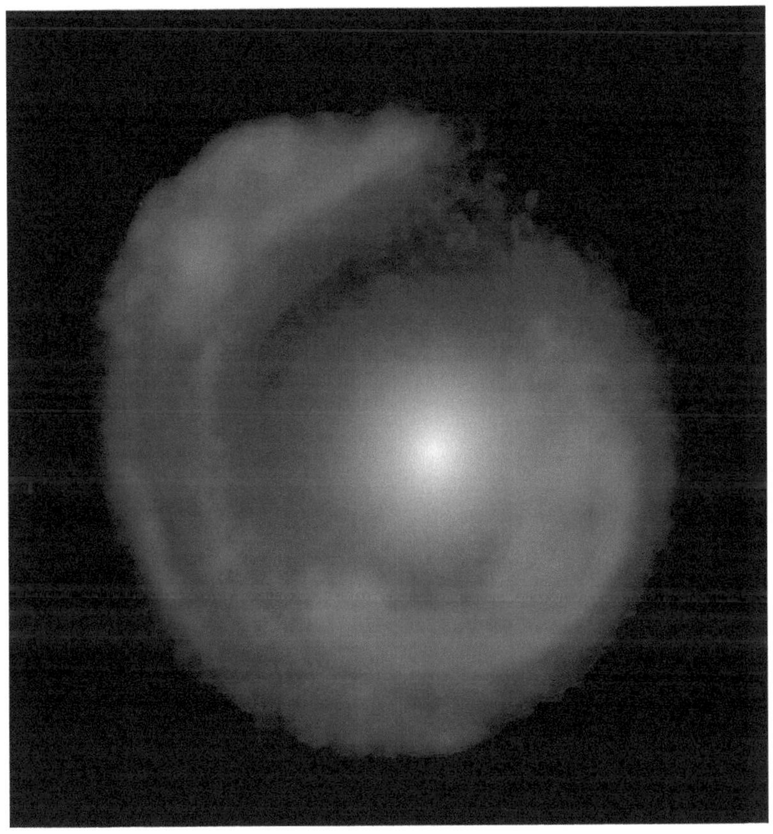

படம் : ஐன்ஸ்டைன் வளையம் SDSSJ1430. பட உதவி: A.BOLTON (SLACS) மற்றும் NASA/ESA

கருந்துளை படம்

சமீபத்தில் கருந்துளை ஒன்று M87 என்ற நட்சத்திர பெருங்கூட்டத்தில் மையப்பகுதியில் கண்டுபிடிக்கப்பட்டது. இந்த கருந்துளையானது நம்மிலிருந்து இருந்து 53.49 மில்லியன் ஒளி ஆண்டுகள் தொலைவில் உள்ளது . இது பூமியில் இருந்து நமக்கு கிடைக்கப்பெற்ற கருந்துளையின் முதல் படம் ஆகும். இதுவரை கருந்துளைகளின் இருப்பினை பல்வேறு ஆய்வுகள் மூலம் மறைமுகமாக உதவி செய்தாலும் நேரடியாக எந்த கருந்துளையும் படம் பிடிக்க முடியவில்லை. உதாரணமாக ஈர்ப்பு அலைகள் ஆய்வு மற்றும் பிரபஞ்சப் பின்புல வெப்பநிலை ஆய்வு ஆகியவை கருந்துளையின் இருப்பை மறைமுகமாக உறுதி செய்தன. ஆனால் தற்போது நிகழ்வெல்லை அல்லது event horizon தொலைநோக்கி மூலம் கருந்துளையானது முதன்முறையாகப் படம் பிடிக்கப்பட்டுள்ளது.

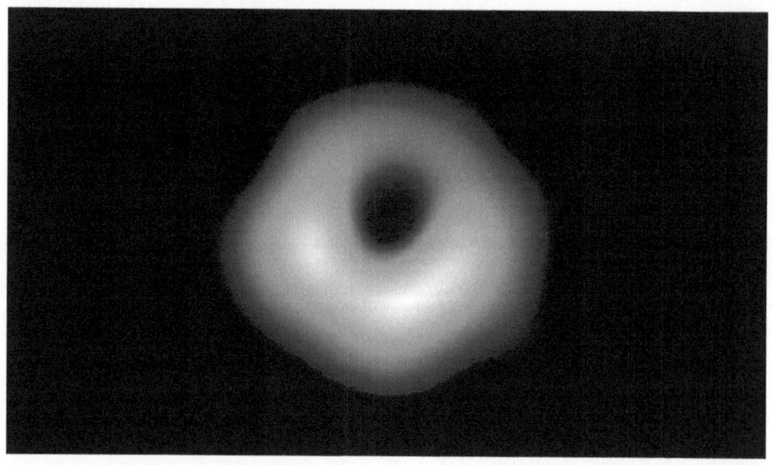

படம் : கருந்துளை . *(Evet Horizon Telescope)*

இப்போது இந்த படத்தை நாம் புரிந்து கொள்ளலாம். இந்த கருந்துளையில் படமானது ஏப்ரல் மாதம் பத்தாம் தேதி 2019 ஆம் ஆண்டு வெளியிடப்பட்டது. இந்தப் படமானது ஒரு மிகப்பெரும் கருந்துளையைச் சுற்றிப் பிளாஸ்மா வலம் வருவதைக் காண்பிக்கிறது. இப்படத்தில் ஒரு வளையம் போன்ற அமைப்பு உள்ளது. இந்த வளையத்தின் நடுவே கருமையான அமைப்பும், வளையத்தில் கீழ்ப்பகுதியில் ஒளியானது அடர்வு மிகுந்ததாகவும், மேற்பாகத்தில் ஒளியானது அடர்வு குறைந்ததாகவும் காணப்படுகிறது. பொதுவாக ஒளியானது நம்மை நோக்கி வரும்

போது அடர்வு மிகுந்ததாகவும் நம்மைவிட்டு விலகிச் செல்லும் போது அடர்வு குறைந்ததாகவும் காணப்படுகின்றது. இது டாப்ளர் விளைவுடன் ஒப்பிடப்படுகிறது. இங்கு பிளாஸ்மா ஆனது கருந்துளையைச் சுற்றி வருவது இரண்டு நாட்களுக்கு ஒருமுறையான கால நேரத்தில் ஒரு முழுச்சுற்று முடிப்பதான நிகழ்வாக நடைபெறுகிறது. 1.3 மில்லி மீட்டர் அலைநீளம் கொண்ட மின்காந்த அலைகளாக ரேடியோ அலைகளை கொண்டு இக் கருந்துளையானது படம் பிடிக்கப்பட்டுள்ளது. இந்த கருந்துளையானது மின்காந்த அலைகளைக் கிட்டத்தட்ட 5 ஆயிரம் ஒளி ஆண்டுகள் தொலைவு வரையில் பரவ விடுவதாகக் கணித்துள்ளனர். இப்படத்தின் மூலம் கருந்துளையின் நிகழ்வு எல்லையைக் காணமுடிகின்றது. ஆயினும் வெவ்வேறு கோணங்களில் இருந்து நோக்கும்போது கருந்துளை அதைச் சுற்றியுள்ள கால வெளியினை வளைப்பதால் கருந்துளையின் படமானது வெவ்வேறு விதமாக உணரப்படுகிறது. மேலும் ஒளியானது அங்கு வளைந்து செல்வதால் கருந்துளையின் நிழலினை நம்மால் ஒளியில் விளைவாகப் படம் பிடிக்க முடியும்.

இங்கு ஒரு கேள்வி கேட்கப்படலாம் ஏன் இந்த படமானது மிகவும் தெளிவாக இல்லாமல் இரைச்சலான படமாகத் தெரிகிறதே என்று; இதற்குக் காரணம் இக்கருந்துளையானது பூமியில் இருந்து வெகு தொலைவிலும் அளவிடச் சிறியதாகவும் இருக்கிறது. உண்மையில் இக்கருந்துளையானது நமது சூரியனை விட 650 கோடி மடங்கு நிறை உடையதாக காணப்படுகின்றது. இப்படத்தில் காண்பிக்கப்படும் கருந்துளையின் நிழலானது நமது சூரிய குடும்பம் அளவு மிகப் பெரியதாக உள்ளது. ஆனால் இந்த கருந்துளையானது நம்மில் இருந்து 5.35 கோடி ஒளி ஆண்டுகள் தொலைவில் உள்ளது. எனவே இது ஆராய்ச்சி கருவிகளுக்கு 40 மைக்ரோ ஆர்க் நொடிகளில் மட்டுமே வெளிப்படுகிறது. இதன் காரணமாகவே இக்கருந்துளையானது படம் பிடிப்பதற்கு மிகவும் கடினமாக உள்ளது. அதே நேரத்தில் இந்த ஆராய்ச்சியின் முடிவில் மேலும் ஒரு கருந்துளையினைப் படம்பிடித்துள்ளனர். அது நமது பால்வெளி அண்டத்தில் உள்ள ஒரு கருந்துளையாகும். ஆனால் இக்கருந்துளையானது முந்தைய கருந்துளையினைப் போல் மிகவும் அதிகமான இயக்கம் கொண்டதாக அல்லாமல் சற்று குறைவான இயக்கம் கொண்டதாகவே உள்ளது. அதன் படமும் கிட்டத்தட்ட இதைப் போலவே இருந்தாலும் முந்தைய படத்தை விட சற்று முந்தைய கருந்துளையை விட சற்று நிறை குறைவாகவே உள்ளது. இந்த கருந்துளையின் படமானது பல ஆண்டுகாலமாக கணித முறைகளில் மட்டுமே இருந்த இயற்பியலின் மிகப்பெரிய விந்தையை, அதன் இருப்பை வெற்றிகரமாக நிரூபித்துள்ளது.

இங்கு படம்பிடிக்கப்பட்டுள்ளது மிகப்பெரிய கருந்துளை ஆகும். இவ்வாறு மிகப்பெரிய கருந்துளைகள் ஒன்றிணையும் போது அந்நிகழ்வு அதன் வெளிப்புற அடுக்குத்திறள் வளையங்களில் (accretion discs) எவ்விதமான பாதிப்பை ஏற்-

படுத்தும் என்பதைச் சமீபத்தில் அறிவியலாளர்கள் கண்டறிந்து விளக்கியுள்ளனர். இக்கருந்துளைப் பற்றிய படத்தினை ஆராயும்போது இது போன்ற ஒரு ஆய்வில் மிகச்சரியான கணக்கீட்டு முடிவுகளைக் கொடுத்த இந்திய அறிவியல் மேதை சந்திரசேகர் அவர்களைப் பற்றியும் தெரிந்துகொள்ள வேண்டியது அவசியமாகிறது. அவர் கண்டறிந்த சந்திரசேகர் எல்லை என்பது நட்சத்திரங்களின் இறுதிக் காலங்களைத் தீர்மானிக்கிறது.

இந்த சந்திரசேகர் எல்லையில் எண் மதிப்பானது நிலையான வெள்ளைக் குள்ள நட்சத்திரத்தின் (white dwarf star) பெரும மதிப்பு ஆகும். சந்திரசேகர் எல்லை என்பது 1.4 M☉ (2.765X10^30 kg) என்ற எண் மதிப்பைப் பெற்றிருக்கும். இவ்வகையான நிறைக்குக் குறைவான நிறை கொண்ட வெள்ளைக் குள்ள நட்சத்திரங்கள் ஈர்ப்பின் விளைவாக அந்நட்சத்திரம் வீழ்வதைத் தவிர்க்கிறது. இவ்வாறான நிறைக்கு அதிகமான நிறையைக் கொண்ட வெள்ளைக் குள்ள நட்சத்திரங்கள் அடுத்தகட்ட நிகழ்வுகளுக்குள் சென்றுவிடுகின்றன. அதாவது அவை ஈர்ப்பாற்றலால் வீழ்ந்து, நியூட்ரான் நட்சத்திரங்களாகவும் கருந்துளைகளாகவும் மாறிவிடுகின்றன.

இதேபோன்று மிக நுண்ணிய பிளாங்க் அளவிலான கருந்துளைகள் ஐரோப்பிய அணுக்கரு ஆய்வு நிறுவனத்தின் (CERN) மிகப்பெரும் ஹார்டான் துகள் முடுக்கியில் (LHC) உருவாகின்றன. தற்போது கிடைக்கப் பெற்றுள்ள கருந்துளையின் புகைப்படமானது கருந்துளை ஆய்வில் மற்றுமொரு மைல்கல்லாக அமையும் என்பதில் எந்த விதமான சந்தேகமும் இல்லை.

கருந்துளை இரண்டாம் புகைப்படம் தனுசு A*

தனுசு A* (Sagittarius A*) சுருக்கமாக Sgr A* என்பது பால்வெளி மண்டலத்தின் மையத்தில் உள்ள பிரம்மாண்டமான கருந்துளை ஆகும். இதன் நிறை 8.26X10^36 கிகி ஆகும்

அதாவது நமது சூரியனை விட(4.154±0.014)X10^6 மடங்கு அதிக நிறை கொண்டது. இது பூமியிலிருந்து 26,673±42 ஒளி ஆண்டுகள் தொலைவு கொண்டது.

தனுசு A* ஒரு பிரகாசமான மற்றும் மிகச் சிறிய வானியல் வானொலி மூலமாகும். 1954 இல், ஜான் டி. க்ராஸ், சியென்-சிங் கோ மற்றும் சீன் மாட் ஆகியோர் ஓஹியோ ஸ்டேட் யுனிவர்சிட்டி ரேடியோ டெலஸ்கோப் மூலம் 250 மெகா ஹெர்ட்ஸில் அடையாளம் காணப்பட்ட பல ரேடியோ மூலங்களைப் பட்டியலிட்டனர். அந்த வகையீட்டின் படி A என்பது விண்மீன் கூட்டத்தின் பிரகாசமான வானொலி மூலத்தைக் குறிக்கிறது. * எனக் குறிக்கப்படும் உயர் ஆற்றல் நிலை 1982 இல் ராபர்ட் எல். பிரவுனால் வழங்கப்பட்டது. விண்மீனின் மையத்திலிருந்து வலுவான ரேடியோ உமிழ்வு ஒரு சிறிய வெப்பமற்ற வானியற்பியல் பொருளின்

காரணமாகத் தோன்றியது என்பதை ராபர்ட் பிரவுன் கண்டறிந்தார்.

தனுசு A* ஐச் சுற்றி வரும் பல நட்சத்திரங்களின் அடிப்படையில், தனுசு A* என்பது பால்வெளி மண்டலத்தின் மையத்தில் அமைந்த ஆகப்பெரிய கருந்துளையாக இருக்க வேண்டும் என்று வானியலாளர்கள் முடிவு செய்தனர். இந்த கருந்துளை ஆய்வுகளில் ரெயின்ஹார்டு கென்சல் மற்றும் ஆன்ரியா கெஸ் இவர்களுக்கு 2020 இயற்பியலுக்கான நோபல் பரிசு வழங்கப்பட்டது.

மே 12, 2022 அன்று, நிகழ்வெல்லை Event Horizon தொலைநோக்கியைப் பயன்படுத்தி, வானியலாளர்கள், தனுசு A*நிகழ்வெல்லையைச் சுற்றியுள்ள திரட்சி வட்டின் முதல் படத்தை வெளியிட்டனர். 2019 இல் மெஸ்ஸியர் 87 இன் படத்துக்குப் பிறகு, கருந்துளையின் இரண்டாவது உறுதிப்படுத்தப்பட்ட படம் இதுவாகும்.

M87 (2019 இல் வெளியிடப்பட்டது) இல் உள்ள கருந்துளையின் படம் , ஈவன்ட் ஹொரைசான் தொலைநோக்கியின் மூலம் எடுக்கப்பட்டது. இப்படங்கள் எடுக்கப்பட்ட பின்னரும் அவற்றின் தகவல்களைத் தொகுத்து ஆய்வு முடிவுகளை வெளியிட இரண்டு வருட ஆராய்ச்சி தேவைப்பட்டிருக்கிறது. ஏனென்றால், இது பல தொலைநோக்கிகளின் ஒத்துழைப்பு, உலகெங்கிலும் உள்ள பல ஆய்வகங்களில் நீண்டுள்ள கணக்கீடுகள், ஆகியவை இணையத்தின் மூலம் பரிமாற முடியாத அளவுக்கு மிகப்பெரிய தரவைக் கொண்டுள்ளது.

காலப்போக்கில், ஆராய்ச்சியாளர்கள் மற்ற கருந்துளைகளைப் படம்பிடிக்கவும், அதைச்சுற்றி பொருள்கள் எப்படி இருக்கும் என்பதற்கான களஞ்சியத்தை உருவாக்கவும் முயல்கிறார்கள்.

அடுத்த இலக்கு தனுசு ஏ * (Sagittarius A*) ஆகும், இது நமது சொந்த பால்வீதி விண்மீனின் மையத்தில் உள்ள கருந்துளை. கருந்துளை தனுசு ஏ * மிகவும் புதிரானது. ஏனெனில் இக்கருந்துளை எதிர்பார்த்ததை விட வித்தியாசமானது. இதன் காரணம் காந்தப்புலங்கள் அதன் செயல்பாட்டை திணறச் செய்வதால் இருக்கலாம் என்று 2019 ஆம் ஆண்டு ஆய்வில் தெரிவிக்கப்பட்டுள்ளது. அந்த ஆண்டின் மற்றொரு ஆய்வில், தனுசு A * ஐச் சுற்றி ஒரு குளிர் வாயு ஒளிவட்டம் உள்ளது என்றும் இது ஒரு கருந்துளையைச் சுற்றியுள்ள சூழல் எப்படி இருக்கும் என்பதைப் பற்றி முன்னர் நாம் அறிந்திராத வகையிலான விளக்கத்தைத் தந்தது.

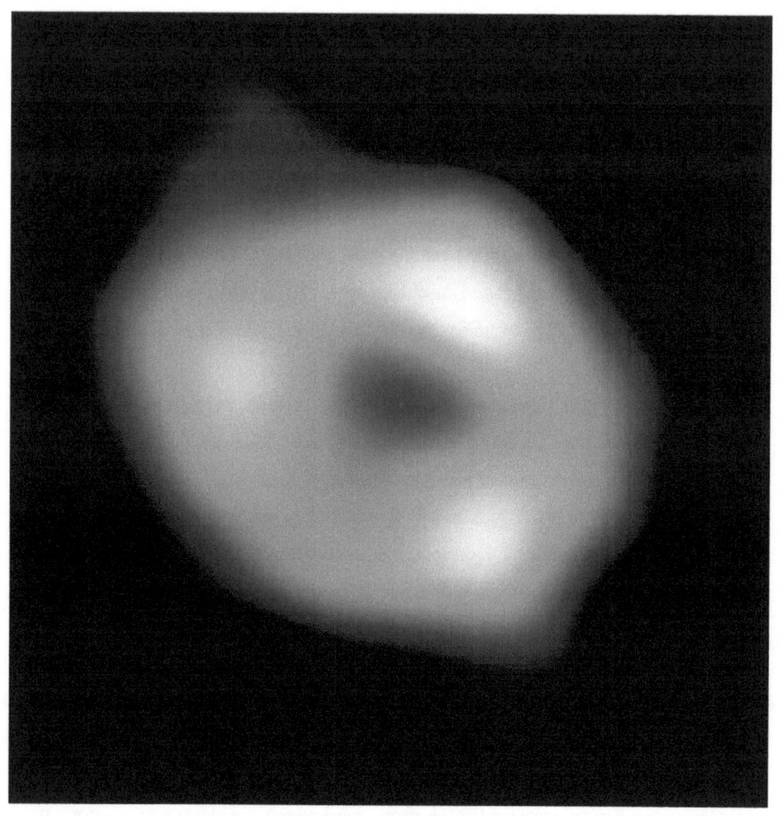

*படம் : தனுசு A**

தனுசு A* இன் படத்தை எடுக்க, ஆராய்ச்சியாளர்கள் தனித்துவமான கண்காணிப்பு சவால்களை எதிர்கொள்ள வேண்டியிருந்தது. தனுசு A* சிறியது - நமது சூரியனை விட 30 மடங்கு விட்டம் கொண்டது. மற்றும் 27,000 ஒளி ஆண்டுகள் தொலைவில் உள்ளது. இது ஒப்பீட்டளவில் அவதானிக்கச் சிறியதாக உள்ளது. தனுசு A* இல் செயல்பாடுகள், அதைச் சுற்றியுள்ள டிரில்லியன் டிகிரி பிளாஸ்மாவின் இயக்கம் போன்றவை - M87 கருந்துளையில் நடப்பதை விட 1,000 மடங்கு வேகமாக நிகழ்கிறது.

எட்டுத் தொலைநோக்கிகள் தொடர்ந்து 10 இரவுகளில் தனுசு A* பற்றிய காட்சிகளைச் சேகரித்தன. சேகரிக்கப்பட்டத் தகவல்களின் அளவு மிகப்பெரியது. இது பில்லியன் ஜிகாபைட் அளவிலான தரவுகளைக் கொண்டது. இதன் விளை-

வாக கோப்புகள் இணையத்தில் வழியாகச் செல்ல முடியாத அளவுக்குப் பெரிதாக இருந்தன. அதற்குப் பதிலாக, 1,000 க்கும் மேற்பட்ட ஹார்டு டிரைவ்கள் இரண்டு செயலாக்க நிலையங்களுக்கு மீண்டும் கொண்டு செல்லப்பட்டன. ஒன்று பாஸ்டனுக்கு அருகிலுள்ள ஹேஸ்டாக் ஆய்வகத்துக்கும், மற்றொன்று ஜெர்மனியின் பானில் உள்ள ரேடியோ வானியல் மேக்ஸ் பிளாங்க் நிறுவனத்துக்கும் எடுத்துச் செல்லப்பட்டன.

EHT ஆனது, தென் துருவத்திலிருந்து ஸ்பெயின் வரையிலான பல கண்காணிப்பு நிலையங்களின் காட்சிகளை ஒருங்கிணைத்து, பூமியை ஒரு மாபெரும் மெய்நிகர் தொலைநோக்கியாக மாற்ற, மிக நீண்ட-அடிப்படை இன்டர்ஃபெரோமெட்ரி எனப்படும் நுட்பத்தைப் பயன்படுத்துகிறது. ஒரு கண்ணுரு ஒளித் தொலைநோக்கியில் ஒரு பெரிய கண்ணாடி சிறந்த காட்சிகளை வழங்குவது போல, பரவியிருக்கும் தொலைநோக்கிகள் கூர்மையான படங்களை உருவாக்க முடியும். மேலும் 1.3 மில்லிமீட்டர் அலைநீளத்தில் அவதானிப்புகள் மேற்கொள்ளப்பட்டன.

(இந்த கட்டுரை முழுமை அறிவியல் உதயம்இதழில்வெளிவந்தது)

13

இண்டர்ஸ்டெல்லாரின் -நிகழ்வெல்லையில்/ *event horizon* ஓர் சர்ரியல் கனவு ..

எழுத்தாளர் இராஜ் சிவா அண்ணன் மிகவும் முக்கியமான கூர்மையானக் கேள்வியொன்றை, நேரத்தைப் பற்றி எழுப்பியிருந்தார், அதற்கான பதில் எனக்குத் தெரிந்தவரை இதுவரை செய்த ஆய்வுகள் அளவில் தெளிவானதாக இல்லை. கேள்விக்கானப் பதில் என்பதை விட, அதைச்சுற்றிய விவரங்களைப் பகிர்கிறேன்.

நான் மேலே கூறியிருந்ததன்படி, நிகழ்வு எல்லையில் நேரம் உறைந்து இருக்குமென்றால், அந்த இடத்தில், ஒளியும் நகர முடியாமல் உறைந்த நிலையிலேயே இருக்கும். அதாவது போட்டோன்கள் அங்கு அசையும் நிலையில் இருக்காது. அப்படியெனின், அங்கு எதையும் பார்க்க முடியாது. ஒரு பொருளிலிருந்து வரும் ஒளி கண்ணில் பட்டால்தானே அந்தப் பொருள் தெரியும். ஒன்றையும் பார்க்க முடியாது என்பது மட்டுமல்ல, எதையும் உணரவும் முடியாது, புரிந்து கொள்ளவும் முடியாது.

காண்பது, உணர்வது எல்லாம் அவரின் மனத்தில் நடப்பவையாக இருக்கவேண்டும். உதாரணத்திற்கு நேரம் உறைநிலையில் இருப்பது என்பது அவரது விண்கலத்தின் நேரம் உறைந்திருக்கிறது. வெளியில் உள்ள ஒளியன்/போட்டான் சிதறுவது இவருக்கு ஒளியின் வேகத்திலேயே நடப்பதாகத் தான் தெரியும்! மேலும் ஒரு வேளை விண்வெளிவீரர் அமைதியாக இருந்தாலும் அவருக்கு கடந்தகால

"நிகழ்வுகளைப் பார்த்துக்" கடக்கும் வேகம் அதிகமாக இருக்கும். உணர்வுகள் மூளையைச் சென்றடைவதற்கான வேகம் சராசரியாக 1.1 நொடிகள் என்பதாகக் கொண்டால், ஒரு வேளை அவர் ஒளியின் திசைவேகத்தில் பயணித்தால், ஒரு நொடிக்கு ஒரு நிகழ்வு என்றுவைத்தால்கூட, அவர் கண்டு முடிப்பதற்குள் கிட்டத்தட்ட 10^8 "நிகழ்வுகள்" நடைபெறும், அதில் சில நினைவுகளைமட்டும் வெளியில் காணபதென்பது ஒரு சர்ரியலிசக் கனவாகத்தான் கொள்ளவேண்டும்! இவ்வளவு வேகமாக நாம் பார்க்கவும் உணரவும் முடியாது.

நேரம் என்பது மிகவும் குழப்பமான விசயம் தான் எங்களுக்கும். அதன் ஆதாரம் என்ன என்பதும் அதன் ஓட்டம் எந்தெந்தத்திசையில் இருக்கிறது என்பதும் குழப்பமானது தான். அதுவும் கருந்துளையில் நேரம், நிகழ்வெல்லையில் நடைபெறும் இயக்கத்தைப் பற்றிய ஆய்வுகளும் இன்னும் முழுமையானதாகவில்லை.

ஐன்ஸ்டைனின் கருத்துப்பிரகாரம், ஒளியின் திசைவேகமானது, நாமும் ஒளியின் திசைவேகத்திலேயே சென்றாலும், ஒளியின் திசைவேகத்தில் தான் இருக்கும் என்பதைக் கருத்தில் கொண்டாலும், ஷாப்பிரோ நேரவித்தியாசம் போன்ற விசயங்கள் வெளியின் வளைவால் ஏற்படும், ஆனாலும் அதிக நேர வேறுபாடு இருக்காது. ஆயினும் இது பற்றிய ஆய்வுகள் ஏதும் இருப்பது போல் தெரியவில்லை. இது கிட்டத்தட்ட சிங்குலாரிட்டிக்குள் விழுவதற்கு முந்தைய இடம், நேரமும் இடமும் மிகவிரைவாக மாறுவதற்கு முநதைய இடம் எனினும், நாம் எவ்விடத்தில் இருந்து பார்க்கிறோம் என்பதும் மிகமுக்கியம். மேலும் நமது உணர்விகள்/சென்சார் மிகவிரைவாக வேலைசெய்வனவாக இருக்கவேண்டும். தற்போதைய எலக்ற்றான் உணர்விகள் நேனோ நொடிகள் 10^{-9} தாமதத்துடன் இயங்குவன, உங்களுடையக் கேள்வியின் பிரகாரம், அவற்றாலும் அந்நேரத்தில் நடக்கும் மாற்றத்தை உணர்ந்துப் பதியவியலாது.

இப்படத்தில் கருத்துப்பிழைக்கான வாய்ப்புக் குறைவானதாகவே இருக்கவேண்டும். இவ்வருடத்தின் நோபல் இயற்பியலாளரான கிப் தோர்ன் போன்றோர் தலைமையில், நாம் அறிந்த வெளி-நேர அனைத்துக்கோட்பாடுகளையும் கணினியில் ஒப்புமைசெய்தே எடுத்துள்ளனர், எனினும், மிகைப்படுத்துதலே கதைக்கு அழகு, கதைக்கும் காலில்லை!!

மேலும் இப்படத்தில் அவர்கள் செய்த ஆய்வைக் கட்டுரையாக, அந்த ஆய்வுக்குழுவே வெளியிட்டுள்ளனர்.

https://arxiv.org/abs/1502.03809

14

வானவெளியில் ஒரு வாணவேடிக்கை — GW170817!

கடந்த சிலநாள்களாக, இயற்பியல் ஆய்வுலகில் கோலாகலமாய் தீபாவளி கொண்டாடிக் கொண்டிருக்கிறோம். காரணம், லைகோ விர்கோ ஆய்வுக்கூட்டமைப்பில் GW170817 எனும் இருபெரும் நியூட்ரான் விண்மீன்கள் காதலர்போல் ஒன்றையொன்றுத் தொடர்ந்து சுற்றிவந்து ஒன்றோடொன்று குலாவி மோதி ஒன்றுக்குள் ஒன்றுப் பொதிந்த நிகழ்வைக் கண்டிருக்கிறார்கள். அம்மோதலால் பெரும்சக்திவாய்ந்த (காமா-கதிர்)ஒளியும்,மோதலுக்குமுன் நிகழ்ந்த சுழற்சியால் வெளி-நேரப் போர்வையில் (space-time warp) உண்டான அதிர்வும் என ஒளியும் ஒலியும் போல் நிகழ்ச்சியை உலகின் வெவ்வேறு இடங்களில் வெவ்வேறு வடிவில் கண்டறிந்துள்ளனர்!

யாரோ ஒரு இளம் ஆய்வாளர் வானத்தில் ஏதோ வெளிச்சமாக ஒரு ஒளிரும் நிகழ்வைக் கண்டறிந்தவர், எதார்த்தமாய் ட்வீட்டரில் கீச்சிட (உடனே அவர் அக்கீச்சை அழித்துவிட்டாலும்), தமிழ் வாட்சப் உலகில் பகிரப்படும் வதந்திகள் போல், விசயம் காட்டுத்தீயாய்ப் பரவியும் எல்லோருக்கும் தெரிந்த இரகசியமாகவும் ஆகிவிட்டது. போட்டிகள் நிறைந்த அறிவியல் உலகில், யார் இதை முதலில் வெளியிடுவதென்றப் போட்டியில் நான் முந்தி நீ முந்தியென X-கதிர், காமா-கதிர், அகச்சிவப்பு கதிர் எனப் பல்வேறுவகையான வானியல் அலைக்கற்றை ஆய்வுகளைப் பண்ணுவோரும் லேசர் குறுக்கீட்டுவிளைவுகொண்டு ஈர்ப்பலையை ஆய்வுசெய்வோர் எனபின்னர் எல்லோரும் சேர்ந்து ஒன்றாகக்கூடி தேர் இழுத்ததில், ஒரே

நிகழ்வில் உண்டான ஈர்ப்பலையோடு அதே நிகழ்வில் உண்டான ஒளியையும் கண்டறிந்த அதிசயமும் நிகழ்ந்துள்ளது . இது நிசமாகவே நடந்த நிகழ்வுதானா எனக் கிட்டத்தட்ட இரண்டுமாதமாக சோதித்து ஆய்ந்துத் தெளிந்து, சில நாட்களுக்கு முன்னர் பொதுமக்களுக்கான சேதியாக வெளியிட்டுள்ளனர்.

வானியற்பியல் ஆய்வில் முதன்முறையாக ஒரே நிகழ்வின் ஒளியும் அதிர்வும் ஒரே நேரத்தில் உய்த்துணரப்பட்டு, அதன் மூலம் அம்மாதிரியான நிகழ்வுகளில் நியூட்ரான் விண்மீன்கள் மற்றும் கருந்துளைகள் இயங்கும்விதம் ஓரளவு தெளிவாக உணரப்பட்டுள்ளது. மேலும், இது ஐன்ஸ்டைனின் பொதுசார்புக் கொள்கையைத் திரும்பவும் மெய்ப்பிப்பதாகவும் ஈர்ப்பலையும் ஒளியின்வேகத்தின் தன்மைகொண்டது என்பதையும் உணர்த்துவதாகவும் உள்ளது. அதாவது வெவ்வேறு இடங்களில் ஒளிக்கதிர்களும் ஈர்ப்பு அதிர்வுகளும் உய்த்துணரப்பட்டது என நான் குறிப்பிட்டேன் அல்லவா, ஈர்ப்பலை, ஒளிக்கதிர் என அனைத்துமே ஒரே நேரத்தில் பதியப்பட்டதிலிருந்து, ஒளி, ஈர்ப்பலை இரண்டும் கிட்டத்தட்ட ஒரேவேகத்தில் பரவுவதைக் கண்டறியமுடிந்தது, ஒளியையும் ஈர்ப்பலையையும் இரண்டும் வெவ்வேறு இடத்தில் உணரப்பட்டாலும், வெறும் 1நொடி கால இடைவெளியில் அவற்றை அளக்கும் உணர்கருவிகள் உணர்ந்துள்ளன.

சில வாரங்களுக்கு முன்னர்தான் ஈர்ப்பலை ஆய்வுக்கான நோபல் பரிசு— LIGO/Virgo ஆய்வுக்கூட்டமைப்பில் உள்ள இரெய்னர் வைஸ் (Rainer Weiss), கிப் தோர்ன் (Kip Thorne), பேரி பேரிஷ்க்கு (Barry Barish) வழங்கப்பட்டிருக்கிறது! அடிப்படைத்துகள்கள், ஈர்ப்புவிசை ஆய்வுகள் எல்லாம் தொய்வடைந்து இருந்த காலம்போய், திரும்பவும் பலவடிவங்களை இந்தாய்வுகள் எடுத்து வளர்ந்துவருகின்றன! புதுமையான இயற்பியல் என்பதன் வரையறை 1000, 100, 50, 10 வருடங்களுக்கு ஒருமுறை மாறியது போய், வருடக்கணக்கில் வருமளவிற்கு புதிதாக ஆய்வுகள் நடந்தேறிவருவது மிகவும் மகிழ்ச்சிக்குரியது! இப்புதிய கண்டுபிடிப்பும் மிக முக்கியத்துவம் வாய்ந்ததாகவும் மற்றொரு நோபல் பரிசுக்கு வழிகோலுவதாகவும் அறியப்படுகிறது.

15

குவாண்டக்கணினி

நாம் ஐன்சுடைனுக்கும் குவாண்டக்கணினிக்கும் தொடர்பு உண்டு என்றுக்கண்டோம் அல்லவா, அதேபோல், எல்லாவிதமான பொருட்களைக்கொண்டும் கோட்பட்டளவில் குவாண்டக்கணினியும் செய்யலாம் எனக்கொண்டோம் அல்லவா?! அப்படியானால், இப்பிரபஞ்சத்தில் மிகவும் அதீதப் பொருளான கருந்துளையை வைத்தும் குவாண்டக்கணினியை செய்யலாமா?!

கோட்பாட்டளவிலான ஆய்வுகள் முடியும் என்றே சொல்வதுடன், கருந்துளைக் கணினிகள் இப்பிரபஞ்சத்தில் நடைபெறும் செயல்பாடுகளின் வேகத்திற்கும், சேதிக் கொள்ளளவுக்கும் எல்லைகளை வகுக்கும் என்றும் கூறுகின்றனர். அதாவது, வருடாவருடம் வரும் செல்பேசிகளின், கணினிகளின் குணாதிசயங்கள் உயர்ந்து கொண்டே வருகிறது. போன வருடம் வந்த செல்பேசி அல்லது கணினியின் CPU /செயல்திறனும், செயல்நினைவகமும், நினைவகமும் இவ்வருடம் வந்த செல்பேசி, கணினியில் உயரிய அளவுகள் கொண்டதாக இருக்கும். இது இப்படியே சென்றால், 20 வருடத்தில் நாம் அளவிலாத்திறன் கொண்ட செல்பேசி அல்லது கணினியை வடித்திருப்போம்[1], அப்படியானால், இன்னும் 50 வருடத்தில் எப்படியிருக்கும் எனயோசித்தால், திறன் பன்மடங்காக ஆகியிருக்கும். அப்படியானால், இதற்கு முடிவு என்பதேக்கிடையாதா?! இல்லை இதற்கும் வரம்பு உண்டு என்பதே அனுமானம்.

அதாவது, இயற்கையில் காணப்படும் நியூட்டனின் ஈர்ப்புமாறிலி, பிளாங்க் மாறிலி, ஒளியின் திசைவேகம் போன்ற மாறிலிகள் தொழில்நுட்பவளர்ச்சிக்கு அறுதியிட்டு சில வரம்புகளை முன்வைக்கின்றன.

கருந்துளையில் நடைபெறும் செயல்பாடுகளை, நாம் இம்மாறிலிகளைக் கொண்டே அளக்கிறோம், அதாவது, கருந்துளையின் சிதறம்/entropy, வெப்பநிலை, கருந்துளையை ஒரு மிகப்பெரிய வட்டாக நினைத்து, அதில் ஒரு

சேதியையிட்டால் அச்சேதி எம்மாறுதலும் அடையாமல் அதில் சேமிக்கவைக்கப்பட்டிருக்கும் காலம், இவையனைத்திலும் இம்மூன்று மாறிலிகளின் ஆதிக்கம் இருப்பதால், கருந்துளையே கணினிசெயல்பாட்டின் வரம்புகளையிடுவதைக் காணமுடியும். ஆக அதன்படி, நாம் செய்யக்கூடிய செயல்திறன்மிக்க மையசெயல்பாட்டு அலகின் வேகம் ஆக மட்டுமே இருக்கவியலும். அதற்குமேலான செயல்திறனை இவ்வண்டம் அனுமதிக்காது!!

இதுபோன்ற வரம்புகள் மூலம் அண்டத்தில் நடக்கும் விசயங்களின் எல்லைகள் வரையறுக்கப்பட்டாலும், அவ்வரம்பை எட்டுவதற்கு நாம் பலபடிகள் பின் தங்கியிருக்கிறோம். ஆயினும், குவாண்ட ஆய்வுகளில் தற்பொழுது, ஐரோப்பிய மற்றும் சீனநாட்டின் விண்வெளி முகமங்கள் குவாண்டத்தொடர்பாடல் நடக்கும் இரு இடங்களின் தொலைவினையும் அதன் போக்கையும் ஒவ்வொரு வருடமும் அதிகரித்துவருகின்றனர். மேலும் பலதரப்பட்ட புதுமையான திண்மப்பொருள் ஆய்வுகளின் மூலம் பொருண்ம சுழற்கடத்திகள்/topological materials பல உருவாக்கப்படுகின்றன. இவையெல்லாம் குவாண்டக்கணினியில் பயன்படும் பட்சத்தில், குவாண்டக்கணினிகள் பிழைகள் தவிர்த்தும், நீண்டகாலத்திற்கு நிறைனைவகங்கள் சேதியை சேமிக்கவும் இயலும்.இம்மாதிரியான தொழில்நுட்ப வளர்ச்சியைக் குறிக்கும் விதியை மூருடைய விதி/ Moore's law என்பார்கள், இவ்விதியை குவாண்டக்கணினிகள் உடைத்துவிட்டன.

16

கருந்துளை சில விந்தைகள்

கருந்துளைகள் எப்போதும் மர்மம் நிறைந்த விண்வெளிப் பொருள்களாகக் கருதப்பட்டாலும் அவற்றின் இயக்கம் கணித ரீதியிலான பல விந்தைகளைக் கொண்டுள்ளது.

விண்வெளியில் எக்ஸ்ரே

சில சமயங்களில் தற்செயலாக பல்வேறு பெரிய விஷயங்கள் கண்டுபிடிக்கப்பட்டு விடுவதுண்டு. அவ்வாறாக சமிபத்தில் MAXI J0637-043 கருந்துளையில் இருந்து வரும் எக்ஸ் ரே அலைகளை ஒரு விசித்திரமான இடத்திலிருந்து கண்டுபிடித்தனர். அது எங்கே தெரியுமா பூமிக்கு வெளியே ஒரு விண்கல்லைச் சுற்றி-வரும் ஒரு விண்கலத்தின் வாயிலாக.

பொதுவாக எக்ஸ் கதிர்கள் நமது காற்று மண்டலத்தால் உறிஞ்சப்படுகின்றன. விண்வெளியிலிருந்து வரும் எக்ஸ் கதிர்களை ஆய்வு செய்ய விண்வெளியில் செயற்கைக்கோள்கள் நிலைநிறுத்தப்பட்டு ஆய்வுத்தகவல்கள் பெறப்படுகின்றன.

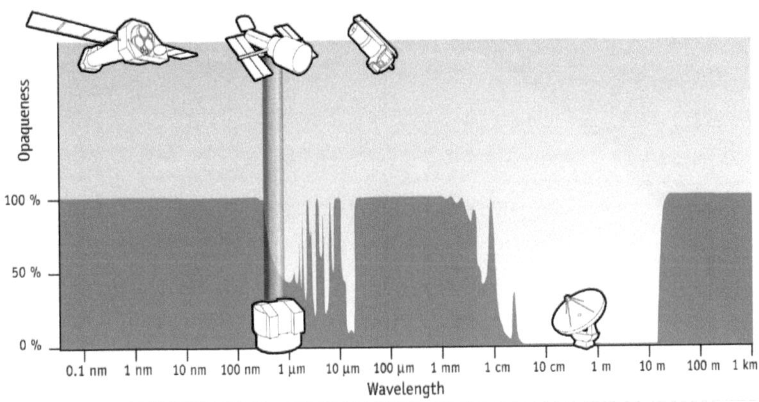

படம்: மின்காந்த அலைகளும் அவற்றைக் காணுதலும்

பூமிக்கு வெளியே பென்னு என்ற விண்கல் மீது நாசாவின் ஆய்வுகள் மேற்கொள்ளப்பட்டு வருகிறது. 101955 பென்னு என்பது 11 செப்டம்பர் 1999 அன்று LINEAR திட்டத்தால் கண்டுபிடிக்கப்பட்ட அப்பல்லோ குழுவில் உள்ள ஒரு சிறுகோள் ஆகும். இந்த விண்கல் ஒரு அபாயகரமான விண் பொருளாகும். விண்வெளியில் உள்ள சிறுகோள் ஒன்றின் மாதிரியை எடுத்து வருவதற்கான நாசாவின் விண்கலம் , டிசம்பர் 3, 2018 அன்று அதன் இலக்கான பென்னு என்ற சிறுகோளை அடைந்தது. இந்த பணி OSIRIS-REx என அழைக்கப்பட்டது. ஏறக்குறைய இரண்டு கிலோகிராம்கள் வரையிலான மாதிரியை பூமிக்கு எடுத்து வரும் வகையிலாக இந்த விண்கலம் ஏழு வருட நீண்ட பயணத்தைக் கொண்டிருந்தது. அப்பல்லோ சகாப்தத்திற்குப் பிறகு விண்வெளியில் இருந்து திரும்பக் கொண்டுவரப்பட்ட மிகப் பெரிய அளவிலான வேற்று கிரகப் பொருட்களாக இது இருந்தது. விஞ்ஞானிகள் அவற்றிலிருந்து தரவுகளைச் சேகரித்து வருகின்றனர்.

அங்கு உள்ள OSIRIS-REx ரோபோ மூலம் அந்த விண்கல்லின் முனைப்பகுதியில் எக்ஸ் கதிர்கள் விழுவது கண்டறியப்பட்டது.

படம்: பென்னு விண்கல்

அத்தகைய எக்ஸ் கதிர்கள் என்னவென்று ஆய்வு செய்கையில் தொலை தூரத்தில் உள்ள ஒரு கருந்துளையில் இருந்து வெளிப்பட்ட எக்ஸ்ரே கதிர்கள் என்று புலனாகிறது. பூமியில் காற்று மண்டலம் இருப்பதால் அவை பூமியின் தரைப் பகுதியை அடைவதில்லை. எனவே இதுபோன்ற எக்ஸ் கதிர்கள் பூமிக்கு வெளியே உணரமுடியும். அவற்றை அந்த ரோபோ படம் பிடித்து அனுப்பியுள்ளது. நவம்பர் மாதம் 2019ஆம் ஆண்டு இந்த புகைப்படம் எடுக்கப்பட்டுள்ளது. இந்த படம் கருந்துளை MAXI J0637-043 இலிருந்து எக்ஸ்ரே வெடிப்பைக் காட்டுகிறது, இது நாசாவின் OSIRIS-REx விண்கலத்தில் REXIS கருவியால் கண்டறியப்பட்டது.

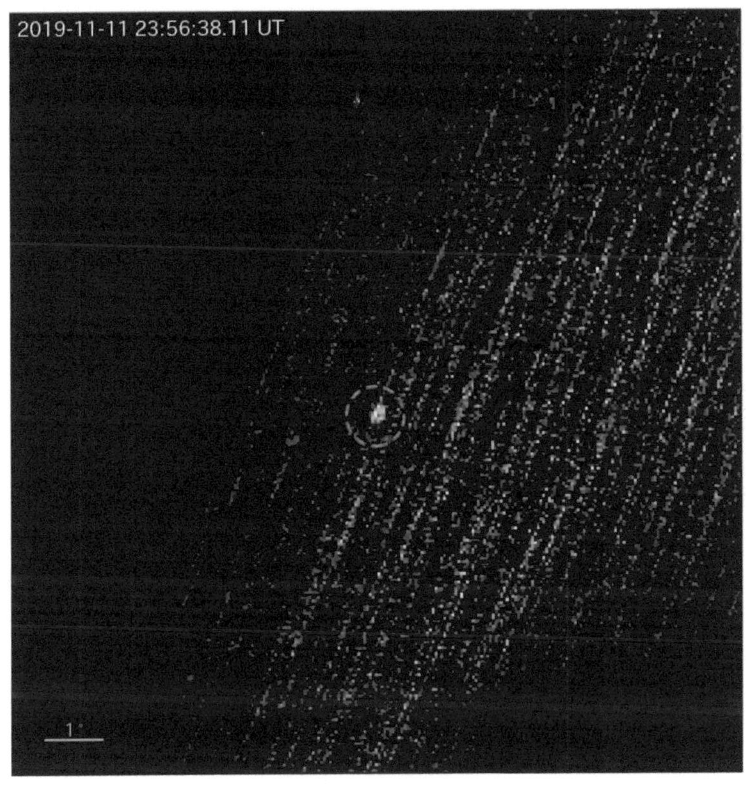

படம்: கருந்துளைகளும் எக்ஸ் கதிர்களும் விண்கல்லில் இருந்து

ஒன்பதாவது கிரகம் கருந்துளையா?

அறிவியல் கண்டுபிடிப்புகள் பல நேரம் விந்தையாக இருக்கும். ஏதோ ஒன்றைத் தேடப் போகும் போது வேறு ஏதோ ஒன்று பதிலாகக் கிடைக்கும். சமீபத்திய ஆய்வுகள் சற்று வித்தியாசமான கோணத்தில் தமது ஆய்வுகளை மேற்கொள்ள தொடங்கியுள்ளன. நமது சூரியனை ஒன்பது கிரகங்கள் சுற்றி வருகின்றன என்று நாம் பாடப் புத்தகத்தில் படித்திருப்போம் அல்லவா? பின்னாட்களில் அந்த 9 கிரகங்கள் என்னும் கருத்தானது திருத்தப்பட்டு, புளூட்டோ கிரகங்களின் வரிசையில் இருந்து நீக்கப்பட்டு நமது சூரியக் குடும்பத்தில் 8 கிரகங்கள் இருப்பதாக

கணிக்கப்பட்டுள்ளது. எனினும் இவற்றைத் தாண்டியும் சில கிரகங்கள் இருக்கலாம் என்று மதிப்பிடப்பட்டுள்ளது. நமது சூரியக்குடும்பத்தில் ஒன்பதாவது கிரகமாக ஒரு கிரகம் இருந்தால் அது பூமியை விட சற்றேறக்குறைய இரு மடங்கு பெரியதாக இருக்கும் என ஆரம்பத்தில் மதிப்பிடப்பட்டுள்ளது. எனினும் அது குறித்த தேட-லில் எவ்விதமான தெளிவும் கிட்டவில்லை. இருப்பினும் சில ஆய்வாளர்கள் இந்த கருதுகோளுக்கு மாறுபாடான சில தீர்வுகளை தருகின்றனர் . அவை என்னவெ-னில் இந்த ஒன்பதாவது கிரகம் ஒரு சிறிய அளவிலான கருந்துளையாக இருக்-கக்கூடும் என்று சில கணித முடிவுகள் தெரிவிக்கின்றன. கிட்டத்தட்ட பூமியைவிட இரு மடங்கு நிறை கொண்டதாக இந்த கருந்துளை அல்லது கிரகம் இருப்பதாக மதிப்பிடப்பட்டது. கருந்துளையாக இருக்கும்பட்சத்தில் இதன் கன அளவு ஆனது கிட்டத்தட்ட ஒரு ஆப்பிளின் கன அளவைப் போலவே இருக்கும். மேலும் இதன் குறுக்களவு இந்த புத்தகத்தில் பேப்பரில் குறுக்குவாட்டில் அடக்கிவிடலாம் என்று ஆய்வாளர்கள் கணித்துள்ளனர். எனவே ஒன்தாவது கிரகத்தைத் தேடும் முயற்சி-யில், இவ்வளவு சிறிய பொருளை மற்றும் ஒளியை வெளியிடாத கருந்துளையை, இவ்வளவு அதிகமான தூரத்தில், தற்போது உள்ள தொலைநோக்கிகளின் வாயி-லாக கண்டறிவது என்பது மிக மிகக் கடினமான மற்றும் சிக்கலான விஷயம் என மதிப்பிடப்பட்டுள்ளது. ஒருவேளை எதிர்காலத்தில் ஒன்பதாவது கிரகமானது ஒரு கருந்துளை என ஆய்வாளர்கள் கண்டறிவார்களோ? என்னவோ? காலம்-தான் பதில் சொல்லும்.

கருந்துளைகள் காலவெளியில் சிக்கலான புதிர்கள். அவை கால வெளியைப் பெரிதும் வளைக்கின்றன. தன்னைச் சுற்றி வரும் ஒளியில் பாதைகளை அவை மாற்றிவிடுகின்றன. அவற்றில் விழும் எந்த பொருளையும் வெளியே செல்ல அவை அனுமதிப்பதில்லை. இவ்வகையான சிக்கல்களின் தொகுப்பாகக் கருந்து-ளைகள் உள்ளன. கருந்துளையின் உட்பகுதியை ஆராயும்போது பல நுணுக்கமான இயற்பியல் விதிகள் பிடிபடுகின்றன. அவற்றில் ஒன்றுதான் குவாண்டம் ஈர்ப்பு-விசை என்னும் புதிரான தீர்வு.

கருந்துளைகள்: சில வித்தியாசமான உண்மைகள்

ஒருவர் ஒரு கருந்துளைக்குள் விழுந்தால், ஈர்ப்பு அவரை நூல் போல நீட்டிக்கும் (Spaghettification) என்று கோட்பாடு நீண்ட காலமாக பரிந்துரைக்கப்பட்டது. இருப்பினும் அவர் ஓர்மைப்புள்ளியை அடைவதற்கு முன்பே அவரது மரணம் நெருங்கிவிடும் . ஆனால் நேச்சர் இதழில் 2012 ஆம் ஆண்டில் வெளியிடப்பட்ட ஒரு ஆய்வில் தெரிவிக்கப்பட்டது என்னவென்றால், குவாண்டம் விளைவுகள்

நிகழ்வெல்லையில் நெருப்புச் சுவரைப் போல செயல்படக்கூடுமாம். இது கருந்துளையின் உள்ளே விழ எத்தனிக்கும் நபரை உடனடியாக மரணத்திற்குக் கொண்டு செல்லும். கருந்துளைகள் எந்தப் பொருளையும் உறிஞ்சி உள்ளிழுப்பதில்லை. மாறாக கருந்துளையானது பூமியின் ஈர்ப்பைப் போல, ஈர்ப்பு விசையின் விளையாக எவையும் பூமியை நோக்கிப் பொருள்கள் விழுவதைப் போலவே பொருள்கள் கருந்துளைக்குள்ளும் விழுகின்றன.

சனி கிரகம் நம் சூரியனைச் சுற்றிவருகிறது. ஆனால் நமது சூரியனைப் பால்வீதியின் மையத்தில் உள்ள கருந்துளை போல் மாற்றினால் - (சூரியனை விட 4,000,000 மடங்கு நிறை கொண்ட ஒரு கருந்துளையாக) , அதன் மாறுபட்ட ஈர்ப்பின் காரணமாக சனி கிரகத்தைத் துண்டு துண்டாக்கி உட்கொண்டுவிடும்.

கருந்துளையாகக் கருதப்படும் முதல் அவதானிப்பு , சிக்னஸ் எக்ஸ் -1 அவதானிப்பு ஆகும். சிக்னஸ் எக்ஸ் -1 என்பது 1974 ஆம் ஆண்டு ஸ்டீபன் ஹாக்கிங்கிற்கும் சக இயற்பியலாளர் கிப் தோர்னுக்கும் இடையிலான நட்புரீதியான பந்தயத்தின் பொருளாக இருந்தது. அந்த ஆற்றல் மூலமானது கருந்துளை அல்ல என்று ஹாக்கிங் பந்தயம் கட்டினார். 1990 இல், ஹாக்கிங் தோல்வியை ஒப்புக்கொண்டார். பிரபஞ்சத்தின் துவக்கமான பெருவெடிப்பிற்குப் பிறகு, சிறு அளவில் கருந்துளைகள் உருவாகியிருக்கலாம் என்ற கருதுகோளும் உண்டு. ஒரு நட்சத்திரம் ஒரு கருந்துளைக்கு மிக அருகில் சென்றால், அந்த நட்சத்திரம் கிழிக்கப்படக்கூடும். பால்வீதியில் 10 மில்லியனிலிருந்து 1 பில்லியன் வரை , சூரியனை விட மூன்று மடங்கு அதிகம் நிறைகள் கொண்ட நட்சத்திரக் கருந்துளைகள் இருப்பதாக வானியலாளர்கள் மதிப்பிடுகின்றனர்.

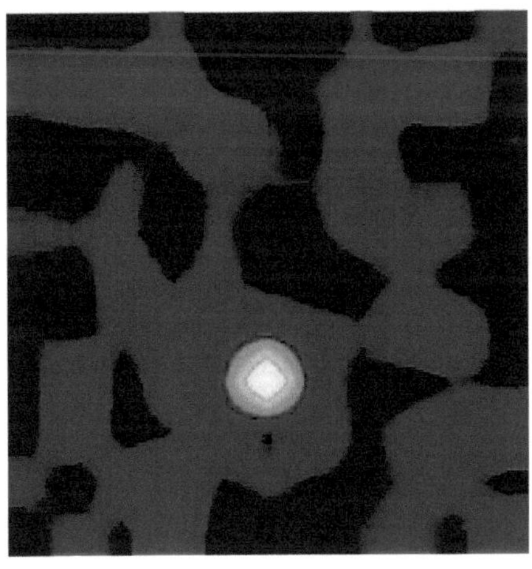

படம்: சிக்னஸ் எக்ஸ் -1 எக்ஸ் கதிர் படம்

அறிவியல் புனைக்கதைப் புத்தகங்கள் மற்றும் திரைப்படங்களுக்கு கருந்துளைகள் பயங்கரப் பேசுபொருளாக இருக்கின்றன. அறிவியல் புனைக்கதையும், தோர்னின் ஆலோசனையில் உருவானதுமான "இன்டர்ஸ்டெல்லர்" திரைப்படத்தை இதற்கு உதாரணமாகக் கொள்ளலாம். திரைப்படத்தின் கணினி வேலைகள் குழுவுடன் தோர்னின் ஆய்வும் சேர்ந்த போது ரசிகர்களுக்கு ஒரு வேகமாக சுழலும் கருந்துளைக்கு அருகில் எவ்வகையான சூழல் நிலவக்கூடும் என்பதைக் காண வாய்ப்பளித்தது. மேலும் அக்காட்சிகளைக் காணும்போது கருந்துளையின் அருகில் தொலைதூர நட்சத்திரங்கள் எவ்வாறு தோன்றக்கூடும் என்பது பற்றிய விஞ்ஞானிகளின் மேம்பட்ட புரிதலுக்கும் வழிவகுத்தது.

17

உசாத்துணைகள்

[1] Chandrasekhar, S., & Thorne, K. S. (1985). The mathematical theory of black holes.

[2] Susskind, L., Thorlacius, L., & Uglum, J. (1993). The stretched horizon and black hole complementarity. Physical Review D, 48(8), 3743.

[3] Weinberg, S. (1972). Gravitation and cosmology: principles and applications of the general theory of relativity.

[4] Armitage, P. J., & Natarajan, P. (2002). Accretion during the merger of supermassive black holes. The Astrophysical Journal Letters, 567(1), L9.

[5] Hawking, S. W.; Israel, W., eds. (1989). Three Hundred Years of Gravitation (1st pbk. corrected ed.). Cambridge: Cambridge University Press.

[6] Bethe, Hans A.; Brown, Gerald (2003). "How A Supernova Explodes". In Bethe, Hans A.; Brown, Gerald; Lee, Chang-Hwan (eds.). Formation And Evolution of Black Holes in the Galaxy: Selected Papers with Commentary. River Edge, NJ: World Scientific. p. 55.

[7] Mazzali, P. A.; Röpke, F. K.; Benetti, S.; Hillebrandt, W. (2007). "A Common Explosion Mechanism for Type Ia Supernovae". Science (PDF). 315 (5813): 825—828.

[8] Dimopoulos, S., & Landsberg, G. (2001). Black holes at the large hadron collider. Physical Review Letters, 87(16), 161602

[9]. Chandrasekhar, S., & Thorne, K. S. (1985). The mathematical theory of black holes.

[10]. Weinberg, S. (1972). Gravitation and cosmology: principles and applications of the general theory of relativity.

[11] . Stein, W. A., Abbott, T., & Abshoff, M. (2016). SageMath

[12]. Hartle, J. B. (2003). Gravity: An introduction to Einstein's general relativity.

[13]. http://astronomy.swin.edu.au/cosmos/S/Schwarzschild+Radius Accecced 14-04-19

18

கலைச்சொற்கள்

கருந்துளை - Blackhole

மீக்கருந்துளை - Supermassive Blackhole

அச்சு - Axis

சுழியம் - Zero

காலவெளி - spacetime

நிகழ்வெல்லை - Event Horizon

ஆசிரியர்களைப் பற்றி

முனைவர் நடராஜன் ஸ்ரீதர், அழகப்பா பல்கலைக்கழகத்தில் ஆற்றல் அறிவியல் துறையில் பணியாற்றி வருகிறார். குவாண்டம் ஈர்ப்பு விசை பற்றியும், குவாண்டம் பிரபஞ்சவியல் பற்றியும் ஆய்வு செய்து வருகிறார். தமிழில் இவரது ஆய்வுக் கட்டுரைகள் வல்லமை,முழுமை அறிவியல் உதயம் ஆகிய ஆய்விதழ்களில் பதிப்பிக்கப்பட்டு வெளிவந்துள்ளது. இவரது வலைதளமான physicistnatarajan.wordpress.com இல் வானியல் பற்றி எழுதி வருகிறார்.

இந்த நூலின் மற்றொரு ஆசிரியர் முனைவர் நாகேஸ்வரன் ராஜேந்திரன் குவாண்டம் ஈர்ப்பியல் மற்றும் குவாண்டம் கணிதவியலில் ஆய்வு செய்து வரும் இயற்பியலாளர். அவரது ஆய்வுகள் பல்வேறு சர்வதேச இதழ்களில் பதிப்பிக்கப்பட்டுள்ளன. அவர் தமிழிலும் பல கட்டுரைகளை எழுதியுள்ளார். தற்போது இங்கிலாந்து நாட்டில் இருந்து ஆய்வுப் பணிகளைச் செய்து வருகிறார் முனைவர் நாகேஸ்வரன் ராஜேந்திரன்.

www.ingramcontent.com/pod-product-compliance
Ingram Content Group UK Ltd.
Pitfield, Milton Keynes, MK11 3LW, UK
UKHW040031200726
13854UKWH00001B/474

9 798887 839226